Chilis anbauen und pflegen

Spezial

Planung, Anzucht, Pflege, Ernte – für den Paprika- und Chiligärtner ist immer etwas zu tun.

Scharfe Schoten in der Küche

Spezial

Viel Geschmack bei wenigen Kalorien – verlieren Sie mit Chili und Paprika überflüssige Pfunde!

Manche mögen's heiß

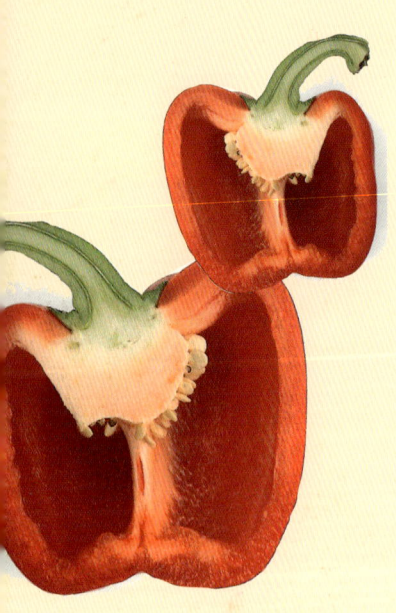

Chili, Paprika, Peperoni – die vielen Arten und Sorten der botanischen Gattung *Capsicum* unterscheiden sich nicht nur hinsichtlich der Schärfe, sondern bieten auch viele unterschiedliche Aromen und vielfältige Verwendungsmöglichkeiten. Außerdem bieten sie neben Geschmack und Würze auch viele Vitamine und Vitalstoffe – kalorienarm verpackt. Ihnen wird zudem noch eine Wirkung als Aphrodisiakum nachgesagt. In der Medizin wird der Inhaltsstoff Capsaicin schon lange eingesetzt, zum Beispiel als Wirkstoff in Wärmepflastern.

Die feurigen Schoten lassen sich im Garten, auf Balkon und Terrasse und sogar im Zimmer kultivieren. Der Anbau ist einfach und die leuchtenden Farben der Früchte sind eine Augenweide.

Die Begeisterung für die würzig scharfen Früchte schlägt Wellen.

Genießen Sie mit – lassen Sie sich von unseren Rezepten verführen. Aber Achtung: die scharfen Schoten brennen zweimal!

Rund um Chili, Pap-rika & Co.

Spezial

Heiße Ware

Chili und seine Verwandten waren wichtige Nutzpflanzen der altamerikanischen Kulturen und bis zum 15. Jahrhundert gab es sie nur im südlichen Amerika.

Frucht der Indianer

Schon tausende von Jahren vor Christus wurden Chilifrüchte von den Ureinwohnern Süd- und Mittelamerikas genutzt. Erst sammelten sie nur wild wachsende Früchte. Als sie sich dann von Jägern und Sammlern zu Bauern entwickelten, begannen sie die Pflanzen anzubauen – in Ecuador wahrscheinlich bereits vor 6000 Jahren!

Olmeken, Maya, Tolteken, Azteken und Inkas – sie alle nutzten Chilifrüchte, um ihren Speisen Würze und Schärfe zu verleihen und um die Haltbarkeit der Lebensmittel zu verlängern. Die Azteken hatten ihre Blütezeit in Mexiko im 15. und Anfang des 16. Jahrhunderts nach Christus, also zu der Zeit als Kolumbus und nach ihm die spanischen Eroberer ins Land kamen. Die Azteken

Die ältesten Chilis

> **Die Früchte der Urformen** (Tepin, Chiltepin) waren klein und standen aufrecht von den Pflanzen ab. Sie waren ein Leckerbissen für Vögel, denn ihnen konnte die Schärfe nichts anhaben; sie pickten die ganze Frucht auf und schieden die enthaltenen Samen andernorts wieder aus. So sorgten zunächst nur die Vögel für die Verbreitung der Chilis bis die Menschen sie entdeckten.

Smart

verwendeten rote oder gelbe Chilifrüchte für fast alle Gerichte – auch für ihr Schokoladengetränk *cacahuatl*. Als sich Kolumbus 1492 über das Meer nach Westen aufmachte, war er auf der Suche nach einem neuen Handelsweg, durch den Spanien eine Vormachtstellung im Gewürzhandel erlangen sollte – denn Gewürze waren damals sehr kostbar. Als er nach wochenlanger Seefahrt Land fand, glaubte er sein Ziel Indien erreicht zu haben. Doch er war in Amerika

Columbus dachte, er hätte Indien entdeckt und bezeichnete Chili als „indianischen Pfeffer".

angekommen. Bei seinen weiteren Reisen betrat er süd- und mittelamerikanisches Festland und irrte sich wieder, als er die scharfen Früchte, mit denen die Indianer ihre Speisen würzten, für Pfeffer hielt. In Wirklichkeit waren es Chilis.

Chilis erobern die Welt

Mit der Entdeckung Amerikas durch Kolumbus begann die Reise der Chili-Familie um die ganze Welt. Die Spanier brachten sie auf die Iberische Halbinsel, die Portugiesen nahmen sie erst mit nach Afrika und Indien, später nach China, Korea, Japan und die Philippinen. Zur Zeit des osmanischen Reiches im 16. und 17. Jahrhundert sorgten die Türken dafür, dass sie im östlichen Europa Fuß fassten. Im 17. Jahrhundert entwickelten sich die Niederlande zur führenden Handels- und Seemacht. Sie importierten nicht nur, sondern bauten die exotischen Früchte, die ihre Handelsflotten mit nach Hause brachten, in immer größerem Stil an und züchteten sie weiter.
Fast überall, wo es das Klima zuließ, wurden die Schoten

Chili haben längst Einzug in unsere Küche gehalten.

nun angebaut. Mit den Sklavenschiffen aus Afrika und den mehr oder weniger freiwilligen Einwanderern aus aller Welt kamen Chili und Paprika als Bestandteile vieler neuer Gerichte zurück nach Amerika. Teilweise blieb der Charakter der Küche der Importländer erhalten, teils verschmolz sie mit der Küche anderer Kulturen. Auf diese Weise entstand die Cajun-Küche, welche durch die Verbindung von französischer Küche, afrikanisch-karibischer Kochkunst und der Esskultur der amerikanischen Ureinwohner entstanden ist.

Chili, Paprika & Co. heute

Chili und seine Verwandten haben sich inzwischen fast überall auf der Welt einen Platz auf der Speisekarte erobert – im Salat, als Gemüse, Streugewürz, Würzpaste oder sauer eingelegt. In Deutschland gehört der milde Paprika zu den beliebtesten Gemüsearten.

Chili bringt Würze und Aroma auf den Tisch.

Scharfe Experimente

Zunehmend werden auf Märkten, in Gemüsefachgeschäften und sogar in den Gemüseregalen deutscher Supermärkte nicht nur Gemüsepaprika, sondern auch frische scharfe Schoten – meist aus Holland oder Spanien – angeboten. Auch in den Hobbygärten wird gerne mit scharfen Chilisorten experimentiert. Insgesamt sind die Verzehrmengen im Vergleich zur milden Gemüsepaprika allerdings gering – nicht zuletzt, weil man sie eben nicht in größeren Mengen essen kann. Scharfe Chilis finden eher als Streugewürz oder über den Umweg der Konserve den Weg auf unseren Tisch, denken Sie an scharfe Soßen, die mit der amerikanischen und mexikanischen Küche zu uns kamen, an Sambal, die scharfe rote Chili-Paste der asiatischen Küche oder an eingelegte Peperoni und Jalapeños im Glas.
Beliebte Chili-Gewürzpulver sind bei uns zum Beispiel Cayennepfeffer, Delikatess-Paprika, Edelsüß-Paprika und ähnliche Streugewürze.

Eine würzige scharfe Soße wurde schon vor mehr als 130 Jahren von der Familie McIlhenny in Louisiana (USA) kreiert und als „Tabasco® Brand Pepper Sauce" patentiert. Ihr Geheimnis ist, dass die gemahlenen Schoten mit Steinsalz vermischt und ein paar Jahre in Eichenfässern gelagert werden, bevor die Soße mit Essig und Salz abgerundet wird. Inzwischen gibt es alternativ zu der roten Original Tabasco-Soße auch eine mildere, grüne Soße auf der Basis von Jalapeños: „Die beste Alternative zu Thermo-Unterwäsche", heißt es in der Produktbeschreibung.

Scharfe Schoten voll im Trend

Weltweit begeistern sich immer mehr Menschen für scharfe Soßen. In den USA gibt es bereits tausende verschiedene Zubereitungen unterschiedlicher Schärfe, Geschmacksrichtungen und Aromen. Bei uns rollt gerade erst die zweite Generation an (wenn man die Tabasco-Soße als erste Generation betrachtet).

Eingelegt und zu Würzsoßen verarbeitet gehören die scharfen Schoten zu jeder Grillparty.

Spanischer Pfeffer?

Rund um Chili und seine Verwandten herrscht nach wie vor Chaos bezüglich der Namensgebung von Arten und Sorten. Den ersten Fehler machten Kolumbus und seine Reisegefährten: Sie dachten Pfeffer gefunden zu haben, wo auch der Name Spanischer Pfeffer herrührt. Der Pfeffer gehört allerdings zu einer anderen Pflanzengattung. Das andere Problem ist, dass die Sorten in verschiedenen Regionen der Welt unterschiedlich bezeichnet werden, wodurch selbst Kenner leicht den Überblick verlieren. Eine weitere Schwierigkeit ist, dass sich die Arten und Sorten gerne gegenseitig befruchten, sodass aus deren Nachkommen wieder neue Sorten entstehen können.

Kuss des Feuers

> **In den letzten Jahren** hat sich besonders in den USA eine richtige Hot Sauce-Kultur entwickelt: So wie bei uns Wein von Liebhabern gekostet und gesammelt wird, so gibt es dort Hot Sauce-Proben und Hot Sauce-Sammler. Fantasievolle Namen der scharfen Chili-Produkte wie „Hot Lava", „From Hell" und „Kiss of Fire" sind dort Programm und machen Lust aufs Ausprobieren.

Smart

Scharf, schärfer, am schärfsten

Das englische Wort „hot" bedeutet sowohl „heiß" als auch „scharf". Tatsächlich ist scharf keine Geschmacksrichtung wie süß, sauer, bitter und salzig, sondern die Nervenenden geben das Schmerzsignal für „heiß" an das Gehirn weiter. Und heiß wird es dem Genießer dann auch beim Essen.

Was brennt da?

Was die feurigen Schoten scharf schmecken lässt, ist vor allem das enthaltene Capsaicin und in geringerem Umfang andere Capsaicinoide. Capsaicin ist ein

Spezialitäten aus aller Welt

Im Delikatessladen oder der Spezialabteilung im Supermarkt erhalten Sie heute Chili-Spezialitäten aus aller Welt:

> **Ajvar:** mildes Paprikamus aus Südosteuropa

> **Salsa und Mole:** verschiedene scharfe Soßen aus Mexiko

> **Currypasten** der thailändischen Küche

> **Garam Masala:** trockene Gewürzmischung aus Indien

> **Tabasco** und andere „Hot Sauces": scharfe Soßen aus den USA

> **Zhoug:** scharfe, arabische Gewürzmischung für Falafel und Fleisch

Schmerz lass nach

> **Hitze, Kälte oder Trocknung** nehmen den Früchten nicht ihre Schärfe. Hat man in eine zu scharfe Schote gebissen:
> Mund mit **kalter Milch** auszuspülen und diese dann auszuspucken. Mehrmals wiederholen.
> In leichteren Fällen hilft es, **Brot zu essen**.
> Insider schwören auf einen großen Löffel **Nuss- oder Schokocreme**.

Smart

farbloses, kristallines Alkaloid (organische Verbindung). Es wird von Drüsen an der Plazentawand und den Scheidewänden in der Frucht produziert. Milde Paprika-Sorten – wie der Gemüsepaprika – enthalten wenig bis gar kein Capsaicin. Ein wenig mehr Schärfe haben Peperoni- und Peperoncini-Schoten. Ziemlich scharf sind Cayenne- und Tabasco-Chilis und extrem scharf sind 'Habanero' und 'Scotch Bonnet'.

Die Schärfe von Chili, Paprika & Co. wird in Scoville-Einheiten gemessen: Je mehr Scoville-Einheiten desto höher ist der Schärfegrad (0 für mild bis 10+ für extrem scharf). Früher wurden die Scoville-Einheiten durch Geschmackstests ermittelt, heute misst man die Schärfe durch Hochleistungsflüssigchromatografie. Doch die Schärfe variiert nicht nur von Sorte zu Sorte, sondern auch innerhalb einer Sorte von Pflanze zu

Pflanze. Sogar die Schoten an ein- und derselben Pflanze sind unterschiedlich scharf und die einzelne Frucht ist in der Nähe der Kerne schärfer als an der Fruchtspitze. Deshalb können die Einteilungen in Schärfegrade nur Anhaltswerte sein.

Geschmacksache

Jede Sorte enthält neben der ihr eigenen Konzentration und Zusammenstellung an Capsaicinoiden weitere Geschmacks- und Aromastoffe. Dadurch sind Chilis und ihre Verwandte nicht nur unterschiedlich scharf, sondern schmecken auch verschieden. Zum Beispiel sind die 'Habanero'-Sorten nicht nur höllisch scharf, sondern haben auch ein blumig-fruchtiges Aroma. Wollen Sie den Speisen besonders viel von dem sortentypischen Aroma geben, entfernen Sie Kerne und Scheidewände der Schoten, dadurch werden sie milder und Sie können mehr verwenden.

Die Ausbildung des Geschmacks ist vom Reifegrad abhängig. Grüne Früchte sind unreif geerntet. Für manche Gerichte werden grün geerntete Früchte bevorzugt, zum Beispiel wenn die Schoten gefüllt, gebacken oder eingelegt werden sollen. Ausgereifte orangegelbe oder rote Paprikafrüchte haben einen süßlichen, vollen aromatischen Geschmack.

Schärfegrade von Chili und Paprika

Stufe	Scoville-Einheiten	Chili-Sorten
10+	15 000 000 577 000 360 000 bis 485 000	Reines Capsaicin 'Red Savina Habanero' Bahamas Chocolate
10	100 000 bis 350 000	'Orange Habanero' (150 000), 'Red Habanero' (210 000), 'Scotch Bonnet'
9	50 000 bis 100 000	'African Devil', 'Bahamian', Chiltepin (Tepin), Chinesische Kwangsi, 'Datil', 'Jamaican Hot', 'Rocoto'
8	30 000 bis 50 000	'Ají' (gelb, orange, braun), 'Cayenne', 'Malagueta', 'Pequin' ('Piquin'), Piri-Piri (Pili-Pili), 'Tabasco', 'Thai'
7	15 000 bis 30 000	'Bulgarische Karotte', 'De Àrbol', 'Manzano', 'Rocotillo'
6	5 000 bis 15 000	'Ají Amarillo', 'Ají Colorado', 'Ají Norteno', 'Dutch Red' (Holland-Chili), 'Serrano'
5	2 500 bis 5 000	'Ají Panca', 'Jalapeño'
4	1 500 bis 2 500	'Cascabel', 'Guajillo', 'Pasilla', 'Pasado', 'Yellow Wax Hot'
3	1000 bis 1 500	'Cherry scharf' (ungarischer Kirschpaprika scharf, teilweise noch höhere Schärfegrade, je nach Bezugsquelle), 'Poblano' (Dolmalik), 'Glockenchili' ('Bischofsmütze', 'Peri-Peri'; Schärfe bis Stufe 6, je nach Bezugsquelle)
2	500 bis 1000	'New Mexican' (Anaheim, California), 'Santa Fe Grande'
1	10 bis 500	'Cherry mild' (Kirschpaprika, Ungarischer Cherry-Pepper), 'Cubanelle', 'Feher', Peperoni, Peperocini
0	0	Gemüsepaprika

Eine bunte Sippschaft

Chili, Paprika, Peperoni und ihre Verwandten gehören zur botanischen Gattung *Capsicum*, die zur Familie der Nachtschattengewächse (Solanaceae) gehört. Paprika sind also mit Kartoffeln und Tomaten verwandt. Im Gegensatz dazu hat der Pfeffer den Gattungsnamen *Piper* und gehört zu den Pfeffergewächsen (Piperaceae).

Botanisches

Die Gattung *Capsicum* umfasst über 20 verschiedene Arten, von denen fünf kultiviert werden. Die Pflanzen können je nach Art und Sorte, Standort und Pflege zwischen wenigen Zentimetern und bis weit über einen Meter hoch werden. Die Pflanzen sind bei uns im Freien nur einjährig, da sie im Winter erfrieren. Im Gewächshaus oder an einem anderen geschützten Platz können sie jedoch auch über mehrere Jahre kultiviert werden.

Die Blätter sind oval bis eiförmig und glänzend grün. Die Blüten sind weiß oder grünlich, selten violett. Sie sind zwittrig, haben also in jeder Blüte männliche und weibliche Vermehrungsorgane. Chili und Paprika sind Selbstbestäuber, das heißt, es ist keine andere Pflanze zur Befruchtung notwendig. Die Arten und Sorten befruchten sich auch gegenseitig.

Aus den befruchteten Blüten entwickeln sich Chili-, Paprika- oder Peperoni-Früchte, die wie Gemüse (oder Gewürz) zubereitet werden können. Umgangssprachlich werden die Früchte zwar Schoten genannt, sind aber botanisch gesehen, wie auch Tomaten, Beerenfrüchte.

Die Sorte 'Bischofsmütze' mag viel Licht und Wärme.

Bischofsmützen und Gringokiller

▸ **Capsicum baccatum** enthält die meisten der in Südamerika beheimateten Sorten aus der Ají-Gruppe. Kennzeichen sind grünliche oder gelbliche Punkte auf den Blütenblättern. Zu *Capsicum baccatum* gehören der gelbe 'Ají Yellow' (Syn. 'Ají Amarillo', getrocknet heißt er Cusqueño), der rote 'Ají Colorado', 'Bird Ajís' und 'Glockenchili' ('Bischofsmütze', 'Peri Peri').

▸ **Capsicum pubescens** hat behaarte Blätter, violette Blüten und dickfleischige, große Früchte mit schwarzen Samen. *C. pubescens* ist frosthart bis −5 °C. Mexikanischer Manzano-Chili,

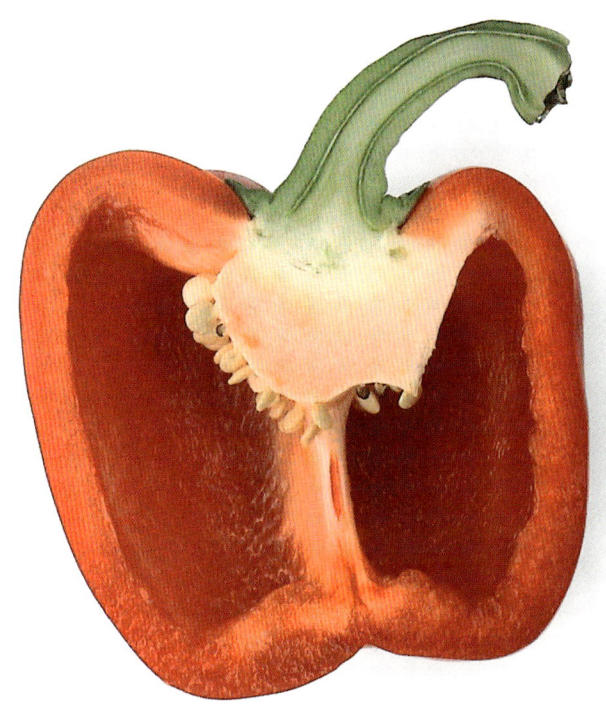

Alle Chili, Paprika und Co. („Chili-Pepper") haben den gleichen Aufbau.

Zierpaprika

> **Einige Chili-Arten** werden als Zierpflanzen verkauft. Die Früchte sind im Prinzip essbar und haben meist einen Schärfegrad zwischen 2 und 8. Allerdings sind sie nicht für den Verzehr gedacht und können deshalb auch mit Pestiziden belastet sein. Wer sie jedoch aus Samen selbst heranzieht, der hat Schmuck und feurige Würze in einem.

peruanischer 'Rocoto' (auch Gringokiller genannt) und der brasilianische 'Locoto' gehören zu dieser Art.

Alte Bekannte

▸ **Capsicum annuum** ist weltweit die bedeutendste Art. Zu ihr gehören die Gemüsepaprikas und viele der scharfen Sorten, die außerhalb Mittel- und Südamerikas angebaut werden.

▸ **Capsicum frutescens** hat einen strauchartigen Wuchs. Die Blüten sind grün und wie die Früchte steil nach oben gereckt. Zu dieser Art gehören viele der Zierpaprikasorten, aber auch die Sorte 'Tabasco' und der brasilianische 'Malagueta'.

▸ **Capsicum chinense** hat seine Heimat in Peru und wird hauptsächlich in der Karibik angebaut. Zu *C. chinense* gehören 'Habanero' (Yucatan und Kuba) und 'Scotch Bonnet' (Jamaica) – beide bekannt für ihr fruchtiges Aroma bei enormer Schärfe – sowie 'Datil' (Florida).

Spezial

Prallvoll mit
Gesundheit

Die scharfen Schoten sind unglaubliche Vitalpakete. Zwar bestehen sie zu etwa 91 % aus Wasser, doch der Rest ist Gesundheit pur. Mit ihrem Vitamin-C-Gehalt übertreffen sie auch Zitrusfrüchte bei Weitem.

Vitamin C ist wichtig für Haut, Knochen, Zähne und Bindegewebe. Es fördert die Aufnahme von Eisen und steigert die Abwehrkräfte. Der Gehalt von Vitamin C steigt mit zunehmendem Reifegrad. Bei reifen Früchten kann er bis zu 400 mg Vitamin C pro 100 g Fruchtfleisch betragen.

Vitaminbomben

Im Durchschnitt enthält rot gereifter Paprika 200 mg Vitamin C pro 100 g Frischfrucht, der grüne Paprika nur etwa 130 mg. Da Verarbeitung und Lagerung den Gehalt an Vitamin C reduzieren, sollten Sie Paprika ab und zu roh genießen. Mit

dem Verzehr einiger roher Paprikaschnitze decken Sie den Tagesbedarf an Vitamin C (etwa 100 mg pro Tag).
Paprikas enthalten außerdem noch Vorstufen von Vitamin A, welches wichtig für Augen, Haut und Schleimhäute ist. Vitamin A als solches ist nur in tierischen

1 Chilis machen glücklich
Unser Körper interpretiert die Schärfe der Chilis als Schmerz und schüttet körpereigene Endorphine (morphiumähnliche Schmerzkiller) aus, wodurch sich ein Glücksempfinden einstellt. Das wird auch von Schokolade behauptet. Wollte man es da auf die Spitze treiben, als man Schokolade mit Chili kombinierte? Bei manchen gilt die Chili-Schokolade-Kombination als Aphrodisiakum. Sie lässt sich bereits auf die Azteken zurückführen.

Lebensmitteln enthalten, doch Pflanzen enthalten Provitamin A, sogenannte Karotinoide. Das sind Pflanzenfarbstoffe, die im Körper zu Vitamin A (= Retinol) umgewandelt werden können.

Gesund durch sekundäre Pflanzenstoffe

Karotinoide gehören zu den sekundären Pflanzenstoffen und sind Vorstufen von Vitamin A. Paprikas sind Spitzenreiter unter den Karotinoid-Lieferanten. Während der Reife verfärbt sich die Frucht und dabei steigt ihr Gehalt an Karotinoiden von etwa 0,7 mg auf 30 g pro 100 g Frischfrucht.
Diese Stoffe haben nicht nur als Vorstufe von Vitamin A eine große Bedeutung. Sie schützen auch vor freien Radikalen, die wiederum an der Krebsentstehung und am Alterungsprozess beteiligt sind. Die Wirkung dieser sekundärer Pflanzenstoffe basiert auf dem Zusammenspiel verschiedener Karotinoide, Vitamine und anderer Inhaltsstoffe. Isoliertes β-Karotin, wie es in Vitaminpillen enthalten ist, kann dies nicht ersetzen.

2 **Ernährung gegen Krebs** Sekundäre Pflanzenstoffe gelten als Geheimwaffe gegen Krebs und andere Krankheiten. Diese Stoffe tragen nicht nur zu Farbe und Geschmack des Lebensmittels bei, sie haben auch einen positiven Einfluss auf die menschliche Gesundheit. Zu den sekundären Pflanzenstoffen gehören Karotinoide, Pflanzenphenole und -polyphenole (zum Beispiel Flavonoide), Alkyl- und Allylsulfide sowie Isothiocyanate. Chili, Paprika & Co. sind besonders reich an Karotinoiden und Flavonoiden. Die Verfügbarkeit für den menschlichen Organismus wird durch Zerkleinern, Dünsten und Pürieren erhöht. Außerdem sollte ein wenig Fett – zum Beispiel einige Tropfen Pflanzenöl – zum Gericht gegeben werden, da Karotinoide fettlöslich sind und nur dann vom Körper aufgenommen werden können.

Chilis anbauen

Die richtige Sorte

Gemüse aus dem eigenen Garten ist frischer und schmeckt besser – das wissen Hobbygärtner schon lange. Gerade bei Chili, Paprika & Co. sind dem Anbau keine Grenzen gesetzt. Sie können sogar auf Balkon und Fensterbank kultiviert werden.

Ansprüche

Chilis und ihre Verwandten sind nicht nur ein gesundes Fruchtgemüse. Die Pflanzen mit dem sattgrünen Laub und den glänzenden Früchten in leuchtenden Farben sehen auch sehr dekorativ aus. Sie sind leicht selbst anzubauen, sodass Sie sich auch mit ausgefallenen Sorten versorgen können. Bei der Sortenwahl sollten Sie berücksichtigen, was Sie der Pflanze bieten können. Die verschiedenen Sorten haben unterschiedliche Ansprüche, je nachdem aus welcher Region sie stammen bzw. wofür sie gezüchtet wurden. Die tropischen Arten benötigen höhere Temperaturen oder besonders lange bis zur Reife. Sie werden möglichst früh an einem warmen Ort, wie einem Gewächshaus angepflanzt.

Samen lassen sich aus reifen Früchten auch selbst gewinnen.

Berücksichtigen Sie auch den unterschiedlichen Platzbedarf der Sorten: Blockpaprika-Pflanzen sind oft größer und benötigen mehr Platz, andere Sorten (siehe S. 22–25) können Sie in Töpfen, Kästen und Kübeln anpflanzen. Letzteres hat den Vorteil, dass die Pflanzen mobil sind und bei Herbsteinbruch umgesiedelt werden können. So können Sie die frostempfindlichen Sorten vor Kälte schützen und mehrjährig kultivieren. Sie werden dann in der Regel zwei bis drei Jahre alt.

Kaufen, tauschen, selbst gewinnen

Saatgut können Sie im Samenfachhandel und über den Gartenversandhandel kaufen. Beim Kauf sollten Sie auf das aufgedruckte Haltbarkeitsdatum achten. Die Keimfähigkeit von Samen nimmt mit dem Alter ab. Saatgut wird am besten dunkel, kühl (aber frostfrei) und trocken gelagert. Zur Aufbewahrung sind Gläser mit Schraubverschluss oder verschließbare Einweckgläser geeignet. Frisch geern-

tete und getrocknete Samen der scharfen Schoten, die kühl und trocken aufbewahrt werden, sind etwa drei bis vier Jahre keimfähig. Pflanzen erhalten Sie beim Gärtner, im Gartencenter und auf Wochenmärkten. Die Pflanzen sollten kompakt gewachsen sein, das Laub sollte sattgrün, gesund aber nicht zu mastig aussehen. Wenn sich bereits Blüten und Früchte zeigen, sehen Sie, dass es sich um eine blühwillige Pflanze handelt. Tauschmöglichkeiten – sowohl für Samen als auch für Pflanzen – finden Sie im Internet in Foren und Tauschbörsen. Allerdings sind die Angaben zu Sorte, Alter und Samenqualität nicht immer zuverlässig. Auch bei Saatgut aus Früchten ist die Herkunft meist unbekannt.

Im geschützten, hellen Raum können Chilipflanzen mehrjährig kultiviert werden.

Saatgut selbst gewinnen

> **Wählen Sie** frische reife Früchte, schneiden Sie sie auf und schaben Sie die Samen heraus. Die Samenkörner werden auf Backpapier ausgebreitet und bei Raumtemperatur zwei bis drei Tage lang getrocknet. Anschließend das Saatgut kühl und trocken aufbewahren.

Smart

F1-Hybridsorten

Ein Sortenname mit dem Zusatz F1 sagt aus, dass diese Sorte eine Hybridsorte ist. Der Begriff stammt aus der Vererbungslehre und der Saatgutzüchtung. F1-Hybridsamen entstehen bei der Kreuzung zweier reinerbiger Elternsorten. Pflanzen, die aus diesen F1-Hybrid-Samen entstehen, haben besondere Eigenschaften wie einen hohen Ertrag, einen speziellen Geschmack oder mehr Widerstandskraft. Diese Eigenschaften treten aber nur bei den ersten Nachkommen auf. Wenn Sie Samen von F1-Pflanzen wieder aussähen, kommt es zu Aufspaltungen: Sie erhalten ganz unterschiedliche Pflanzen mit guten und schlechten Eigenschaften.

Für jeden Geschmack

Nicht nur auf Märkten, in Delikatessläden und in Gemüsefachgeschäften, auch im Samenfachhandel und in den Tauschbörsen werden zunehmend exotische Sorten angeboten. Was verbirgt sich hinter den ausgefallenen Namen? Einen Einblick geben auch die Seiten 22–25.

'Habanero'-Sorten – aromatisch, aber auch sehr scharf!

Aus aller Welt

▸ **Ají** werden Chili in Südamerika genannt. Vorherrschend sind dort Chilis der Arten *Capsicum baccatum* (z. B. 'Ají Amarillo', 'Ají Limon', 'Ají Red') und *C. chinense* (z. B. 'Ají Limo' und 'Ají Panca'). Schärfegrad 5–8.

▸ **Habaneros** stammen aus Yucatan (Mexiko) und Kuba. Die kleinen Früchte mit etwa 6 cm Durchmesser sehen aus wie kleine Lampions – je nach Sorte orange, rot, weiß und braun. Der fruchtige Geschmack der frischen Früchte geht beim Trocknen zum großen Teil verloren. Achtung: die extreme Schärfe (Stufe 10) baut sich im Mund erst langsam auf.

▸ **Jalapeños** stammen aus Jalapa in Mexiko und gehören in den USA zu den beliebtesten Chilis. Unreif sind sie grün, später leuchtend rot. In Mexiko werden Jalapeños über speziellem Mesquite-Holz geräuchert und erhalten eine rauchige Schärfe. In dieser Zubereitungsart werden sie *Chipotle* genannt. Schärfegrad 5–6.

▸ **Piri Piri** (Pili Pili) ist eine Gruppe scharfer Chilis aus Afrika und Portugal (Schärfegrad 7–9). Die Schoten sind nur 2–3 cm lang und weniger als 1 cm dick. Die reife Frucht ist rot. Piri Piri sind auch hübsche Zierpflanzen.

▸ **'Thai'** wurden in Thailand gezüchtet. 'Thai' ist sofort spürbar scharf (Stufe 8) mit wenig Aroma.

Gemüsepaprika, Tomatenpaprika, Peperoni

▸ **Gemüsepaprika** enthalten wenig bis gar kein Capsaicin. Der bei uns gebräuchlichste Gemüsepaprika ist der **Blockpaprika** mit seinen großen Hohlkammern und der dickfleischigen Fruchtwand. Die Früchte reifen rot, gelb, orange oder violett. Grüne Früchte sind unreif geerntet.

▸ **Tomatenpaprika** gehören auch zu den Gemüsepaprika und wurden in Ungarn gezüchtet. Die tomatenähnlichen Früchte entstanden durch Auslesezüchtung und nicht etwa durch Kreuzung

Die Sorten unterscheiden sich durch Größe, Form, Farbe beim Abreifen, Aroma und Schärfe.

von Paprika mit Tomaten.

▶ **Peperoni und Peperoncini** wurden in Italien gezüchtet. Beide sind von milder Schärfe (Schärfegrad 1–2). Sie werden eingelegt, als Pizzabelag, im Salat oder als Snack verwendet.

Alte Sorten

▶ **Tepin/Chiltepin** ist die Wildform aus dem südlichen Amerika und wahrscheinlich die Urmutter aller Paprikas und Chilis. Die Samen gibt es auch bei uns im Fachhandel, in Online-Shops (siehe Infoecke S. 62) und Tauschbörsen.

▶ **Poblano** stammt noch aus Zeiten vor Kolumbus. Die etwas über 10 cm langen Früchte reifen zu dunkelroter Farbe heran. Das Fruchtfleisch ist leicht scharf und fruchtig-süß. Wegen der harten Schale wird empfohlen, sie zuerst zu rösten und zu häuten. Getrocknet gibt es sie unter dem Namen *Ancho*.

Smart

Minis im Trend

> **Die nur knapp** 30 g schweren Früchte der Minipaprika haben die gleiche Form und den gleichen milden Geschmack wie die großen Blockpaprika. Sie sind besonders als essbare Tischdekoration beliebt. Nicht zu verwechseln mit den sehr scharfen Habaneros (Mexiko, Kuba) oder der Sorte 'Scotch Bonnet' (Jamaica, Karibik).

'Gourmet'

> Die Früchte dieser ertragreichen Gemüsepaprika-Sorte sind blockig geformt. Sie reifen von Grün nach Orange. Die Sorte ist gut geeignet für den Anbau in geschützten Freilandlagen, im Frühbeet und im Gewächshaus. Im Kübel und Gewächshaus wird sie am besten zweitriebig gezogen. Höhe: 60–70 cm.
> Angeboten wird 'Gourmet' von Sperli und Thompson & Morgan. Die Sorte ist resistent gegen Tomatenmosaikvirus.

'Goldflame' F1-Hybride

> Die Früchte dieser Gemüsepaprika-Sorte reifen gelb heran. Ihre Form ist blockig und die Fruchtwände sind dickfleischig. Die Sorte ist kältetolerant und eignet sich für den Anbau in geschützten Freilandlagen sowie im Frühbeet und Gewächshaus. Höhe: 50 cm.
> Angeboten wird diese F1-Hybride von Kiepenkerl im Gartenfachhandel und Online Shops. Die Sorte ist resistent gegen Tomatenmosaikvirus.

'Bendigo' F1-Hybride

> Die Früchte dieser frühen und ertragreichen Gemüsepaprika-Sorte reifen von Grün nach Rot. Ihre Form ist blockig und ihr Aroma mild bis süß. Die Sorte eignet sich für den Anbau in geschützten Freilandlagen sowie in Frühbeet und Gewächshaus.
> Angeboten wird diese F1-Hybride von Gärtner Pötschke als Portionspackung und als Saatplatte. Die Sorte ist resistent gegen Tomatenmosaikvirus.

'Pinokkio' F1-Hybride

> Die Früchte dieser frühreifenden Sorte färben sich von hellgelb bis tief orangerot. Sie sind länglich-spitz geformt und im Geschmack mild bis süß-aromatisch. Die Pflanzen werden 80 cm hoch und eignen sich für den Anbau im Freiland, Frühbeet oder Gewächshaus.
> Angeboten wird diese F1-Hybride von Gärtner Pötschke und Kiepenkerl über den Fachhandel. Sie ist resistent gegen Tomatenmosaik-virus.

'Multi' F1-Hybride (Balkonpaprika)

> Die Früchte dieser Gemüsepaprika-Sorte sind blockig und bekommen beim Reifen eine leuchtend gelbe Farbe. Ihr Geschmack ist mild-aromatisch. Die nur 50 cm großen Pflanzen eignen sich hervorragend für einen Topf auf Balkon und Terrasse.
> Angeboten wird diese Balkonpaprika von Kiepenkerl und ist über den Gartenfachhandel sowie über Online-Shops erhältlich.

'Nazar' F1-Hybride (Balkon- und Gartenpaprika)

> Die Früchte dieser Sorte sind blockig und werden tiefrot. Ihr Geschmack ist je nach Reifegrad mild bis süß-aromatisch. Die 50 cm großen Pflanzen eignen sich für die Topfkultur auf Balkon/Terrasse sowie für das Beet und Gewächshaus.
> Angeboten wird 'Nazar' von Kiepenkerl und ist über den Gartenfachhandel sowie Online-Shops beziehbar. Resistent gegen Tomatenmosaikvirus.

'Tommy' F1-Hybride (Tomatenpaprika)

> Die Früchte dieser ungarischen Sorte werden rot und ähneln Tomaten. Das Aroma der Früchte ist fruchtig und leicht würzig. Sie sind dickwandig und brauchen einen sonnigen Standort und nährstoffreichen Gartenboden um gut zu gedeihen. Höhe: 70 cm
> Angeboten wird 'Tommy' von Kiepenkerl und ist über den Gartenfachhandel sowie Online-Shops beziehbar. Resistent gegen Tomatenmosaikvirus.

'Pantos' (Riesenpaprika)

> Die Früchte dieser länglich spitzen Sorte werden 20 cm lang und 200 g schwer. Die Früchte werden rot und der Geschmack ist fruchtig würzig. Pflanzen werden bis zu 3 m bei früher Pflanzung und dreitriebiger Kultur im Gewächshaus oder am geschützten Spalier (Aufleiten erforderlich).
> Angeboten wird 'Pantos' von der Bingenheimer Saatgut AG (Ökologische Saaten). Tolerant gegen bodenbürtige Krankheiten.

'Bischofsmütze' (auch Glockenpaprika, Peri Peri)

> Die Früchte dieser Sorte aus Barbados sind 5–6 cm breit, glocken-artig geformt und dickfleischig. Sie reifen rot ab und haben ein fruchtiges Aroma. Der Schärfegrad der Früchte schwankt zwischen 3 und 6. Höhe: bis 200 cm.
> Angeboten wird die Sorte von Samenzwerg und Magic Garden Seeds. Sie kann bei frostfreier Überwinterung mehrjährig im Kübel kultiviert werden.

'Gaucho' F1-Hybride (Jalapeño-Paprika)

> Die Früchte dieser mexikanischen Sorte sind walzenförmig und reifen von Grün nach Rot. Sie sind feurig scharf. Die Pflanzen sind 80 cm hoch und robust gegen Kälte und Nässe. Sie sind auch für die Kultur im Kübel gut geeignet.
> Angeboten wird 'Gaucho' von Kiepenkerl und ist über den Gartenfachhandel sowie Online-Shops beziehbar. Resistent gegen Tomatenmosaikvirus.

'Alma' (Scharfer Apfelpaprika)

> Die Früchte dieser in Ungarn beliebten Sorte haben einen Durchmesser von 5–6 cm. Sie sind apfelförmig und dickwandig. Sie stehen nach oben von der Pflanze ab. Beim Reifen werden sie rot und zunehmend süßlicher und schärfer. Gut für die Herstellung von Paprika-Pulver geeignet.
> Angeboten wird Apfelpaprika 'Alma' bei Bio-Saatgut und bei BOTANIK. Gut geeignet zum Füllen und Einlegen.

'Bulgarian Carrot'

> Die Früchte dieser attraktiven Sorte reifen von Grün nach leuchtend Orange. Sie sind etwa 9 cm lang und mittelscharf (Stufe 4–5). Die Pflanzen wachsen kompakt und sind auch für Töpfe und Kübel geeignet. Pflanzenhöhe: 50–60 cm.
> Angeboten wird 'Bulgarian Carrot' von BOTANIK und von Samenzwerg. Gut für Chutneys und Salsas aber auch zum Grillen oder in Mischgemüsen.

'Ají Colorado'

> Die Früchte dieser robusten Chili-Sorte sind etwa 8 cm lang und werden rot. Die Heimat der Gattung *Capsicum baccatum* ist Bolivien und Peru. Sie sind recht feurig bei Schärfestufe 5. Buschiger Pflanzenwuchs.
> Angeboten wird Chili 'Ají Colorado' von Samenzwerg und BOTANIK. Die Sorte ist kälte- und nässetolerant. Wegen ihrer Dünnwandigkeit eignen sie sich sehr gut zum Trocknen.

'Habanero' Rot, Gelb, Orange

> Die Früchte Idieser mexikanischen und karibischen Sorten sind 3–6 cm lang, 2–3 cm breit und ähneln einem kleinen Lampion. Ihr Aroma ist fruchtig, doch mit Schärfestufe 10 sind sie sehr scharf und nur mit Vorsichtsmaßnahmen zu verarbeiten. Die Schärfe entwickelt sich im Mund nur langsam! Pflanzenhöhe: bis zu 120 cm.
> Angeboten werden diese Sorten von Pepperworld Hot Shop und von Samenzwerg.

'Chocolate Bhut Jolokia'

> Die Früchte dieser extrem scharfen Chilisorte (Schärfestufe 10+, daher Umgang nur mit Schutzhandschuhen!) sind bei voller Reife schokoladenbraun. Sie sind 6–7 cm lang und 3–4 cm dick. Das Fruchtfleisch ist dünnwandig. Die Pflanzen werden 60–120 cm hoch.
> Angeboten wird diese Sorte von Pepperworld Hot Shop und von Samenzwerg. Sie eignet sich gut zum Trocknen.

'Medusa' F1-Hybride (Zierpaprika)

> Die Früchte dieser Zierpaprikasorte sind lang und schlank und reifen von Hellgelb nach Rot ab. Ihr Geschmack ist süß und ohne Schärfe – sie dürfen genascht werden. Die Pflanzen werden nur 15 cm hoch und können sowohl im Topf oder Balkonkasten als auch im Beet angepflanzt werden.
> Angeboten wird 'Medusa' von BOTANIK. Vorsicht: Gekaufte Zierpflanzen können gespritzt worden sein.

Chilis selbst anbauen

Chili, Paprika & Co. schmecken am Besten aus eigenem Anbau. Die Kultur der Pflanzen ist nicht schwer, wenn Sie folgende Tipps beachten. Zum Lohn gibt es farbenfrohe, knackige frische und köstliche Früchte.

Anzucht oder Kauf

Die Jungpflanzenanzucht ist die Zeit von der Aussaat bis zum Auspflanzen am endgültigen Standort im Garten, Frühbeet, Gewächshaus oder auf Balkon und Terrasse. Sie dauert etwa 9 Wochen – bei der frühen Aussaat ein paar Tage länger, bei der späteren Aussaat etwas kürzer. Die Dauer ist zudem von der Sorte abhängig.

Für die Jungpflanzenzucht (ab Ende Februar/März) benötigen Sie einen hellen und warmen Platz – während der Keimphase möglichst über 22 °C warm. Dieser Platz kann eine helle, warme Fensterbank sein oder ein geheiztes Gewächshaus. Wer einen solchen Platz nicht hat, sollte auf die eigene Anzucht verzichten und stattdessen kräftige Jungpflanzen beim Gärtner, auf dem Wochenmarkt oder im Gartencenter kaufen. Im Internet gibt es auch Online-Shops oder Tauschbörsen (siehe Infoecke S. 62). Zu bedenken ist, dass der Platzbedarf zwar zur Aussaat und während der Keimphase noch recht gering ist, danach werden die Pflanzen jedoch vereinzelt (pikiert) und später in Töpfe gepflanzt – dann kann es auf einer Fensterbank schnell zu eng werden.

Zeitplanung ist wichtig

Die heißen Schoten sind frostempfindlich. In ein ungeheiztes Gewächshaus sollten Sie sie erst ab Ende April oder Anfang Mai und ins Freiland ab Mitte Mai pflanzen, wegen der Spätfrostgefahr. Nur im geheizten Gewächshaus oder auf der Fensterbank sind Sie zeitlich nicht gebunden, vorausgesetzt die Pflanzen erhalten dort genügend Licht und Wärme.

Etwa 9–10 Wochen vor der geplanten Pflanzung wird ausgesät. Das Saatgut sollte daher am besten bereits im Januar/Februar bestellt werden, damit Sie sicher sein können, dass die gewünschten Sorten rechtzeitig eintreffen.

Der richtige Zeitpunkt

> Für den Anbau im Freien: Aussaat ab Mitte März, vereinzeln im April, auspflanzen ab Mitte Mai.

> Für Frühbeetkasten/unbeheiztes Gewächshaus: Aussaat ab Anfang März ausgesät, vereinzeln Ende März/April, pflanzen ab Anfang Mai.

> Für den Anbau im frostfreien/warmen Gewächshaus: Aussaat ab Ende Februar, vereinzeln im März, pflanzen ab Ende April.

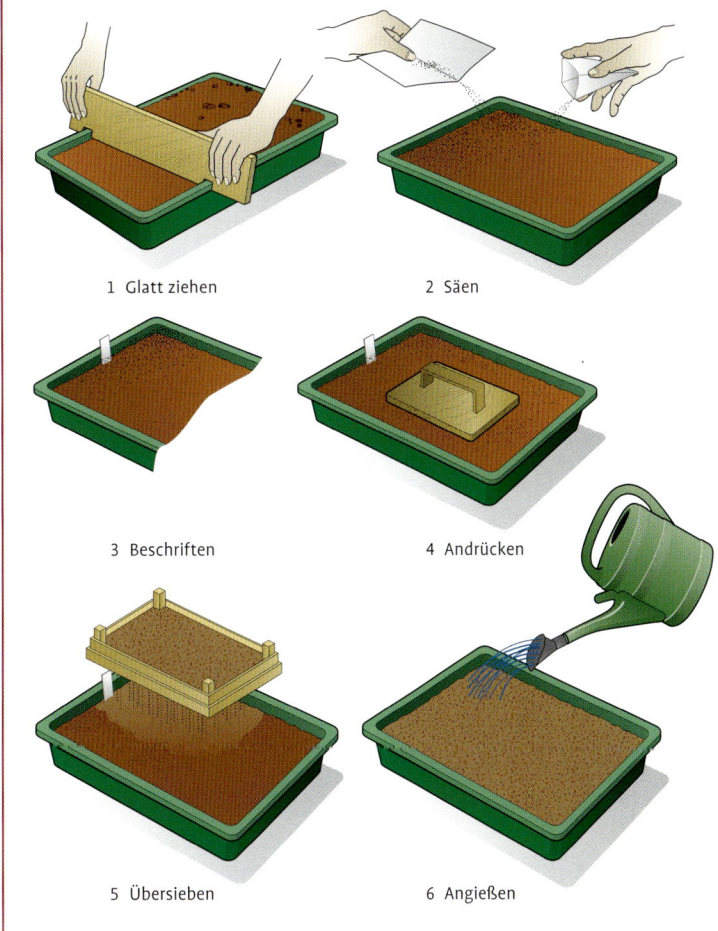

1 Glatt ziehen   2 Säen

3 Beschriften   4 Andrücken

5 Übersieben   6 Angießen

Etwa neun Wochen vor dem Pflanztermin wird ausgesät.

Wenn Sie noch Saatgut vom Vorjahr haben, können Sie eine Keimprobe durchführen. Dafür sollten Sie je nach Sorte 2–3 Wochen einplanen. Eine Keimprobe ist jedoch nur zu empfehlen, wenn Sie von einer Sorte sehr viele Samen haben, zum Beispiel aus der eigenen Ernte, und diese Samen schon länger gelagert wurden. Für den Keimtest werden etwa zehn Samenkörner auf feuchtes Haushaltspapier, das Sie auf einem Schälchen ausgebreitet haben, im Abstand von 2 × 2 cm gelegt. Dann wird über das Schälchen eine Plastikhaube, zum Beispiel ein umgedrehter Frischhaltebeutel, gestülpt und das Ganze an einem warmen Ort aufgestellt. Von den Samen sollten mindestens 50 % keimen und gesunde, kräftige Keimblätter zeigen.

Zusatzbeleuchtung

Damit sich Pflanzen kräftig, kompakt und gesund entwickeln, benötigen sie ausreichend Licht. Da die Jungpflanzenanzucht bei uns in die lichtärmere Zeit fällt, ist während dieser Phase Zusatzlicht zu empfehlen, und zwar am besten so, dass die Tageslänge zwölf Stunden pro Tag beträgt. Auch für die Überwinterung im Kleingewächshaus, Wintergarten oder auf der Fensterbank ist Zusatzbeleuchtung empfehlenswert. Kostengünstiger als spezielle Pflanzenlampen sind Leuchtstofflampen mit der Lichtfarbe „kaltweiß" – auch sie liefern pflanzengerechtes Licht.

Vom Samenkorn zur Jungpflanze

Wenn Sie einen hellen warmen Platz haben, können Sie Ihre Pflanzen selbst heranziehen und haben so eine riesige Auswahl an Chili- und Paprika-Sorten zur Verfügung.

Die Aussaat

Zur Beschleunigung der Keimung können Sie die Samen vor der Aussaat ein bis zwei Tage in lauwarmes Wasser legen. Ausgesät wird in Töpfe oder Aussaatschalen. Verwenden Sie am besten Aussaaterde, denn sie ist nährstoffarm und für den Keimling sehr gut verträglich. Zunächst wird das Gefäß mit Erde befüllt, dann werden die Samen darauf gelegt und angedrückt. Anschließend wird etwa 0,5 cm dick mit Erde übersiebt. Nicht vergessen: Ein Etikett mit dem Sortennamen und dem Aussaatdatum dazu stecken. Anschließend gut angießen.

Nach dem Angießen werden die Aussaaten an einen warmen Ort gestellt. Die Temperatur während der Keimphase sollte zwischen 22 und 28 °C liegen. Die Keimdauer beträgt 10–20 Tage, je nach Temperatur und Sorte. Die Erde sollte während dieser Zeit feucht, aber nicht nass sein. Um ein feuchtes Milieu zu erzeugen, können Sie die Aussaaten bis zur beginnenden Keimung mit Folie, Vlies oder Papier abdecken. Sobald sich die ersten Keimlinge zeigen, müssen Sie die Abdeckung entfernen. Aus den schnellsten Keimern und den stärksten Keimlingen entwickeln sich die kräftigsten Pflanzen mit den besten Erträgen.

Smart

Veredeln

> **Beim Veredeln** wird der obere Pflanzenteil einer Edelsorte auf den unteren Pflanzenteil einer Unterlagensorte gesetzt und die beiden so verbunden, dass sie zusammenwachsen. Die Edelsorte liefert später die Früchte, die Unterlage sorgt für den Schutz z. B. gegen Bakterienwelke und Nematoden. Veredelungssets gibt es im Handel zu kaufen (siehe Infoecke S. 62).

Sobald die Keimblätter entfaltet sind und man die Pflänzchen greifen kann, wird vereinzelt.

Vereinzeln der Keimlinge

Die gekeimten Pflanzen werden vereinzelt (pikiert), sobald die Keimblätter (es sind die ersten beiden Blätter) voll entfaltet sind und die Pflänzchen gut zu greifen sind. Die Pflänzchen werden mit Hilfe eines Pikierstabes oder eines kleinen Hölzchens, das unterhalb der Wurzeln angesetzt wird, vorsichtig aus der Aussaatschale gehoben und in vorbereitete Pflanzgefäße gepflanzt. Dazu eignen sich Töpfe oder Schalen, die mit Pikiererde oder einer Mischung aus Aussaat- und Blumenerde gefüllt sind. Gut geeignet sind auch Substrattabletten, sogenannte Torfquelltöpfe, die man in Wasser aufquellen lässt. In die Mitte der gequollenen Torftabletten bohrt man ein kleines Loch und führt vorsichtig die Wurzeln der jungen Pflanze hinein. Nun wird von der Seite her mit dem Hölzchen vorsichtig, aber fest Erde an die Wurzeln gedrückt. Das Andrücken ist wichtig, denn nur bei gutem Bodenkontakt können die Wurzeln Wasser und Nährstoffe aufnehmen. Der Abstand der Pflanzen zueinander sollte nach dem

An einem hellen Platz entwickeln sich kräftige Pflanzen.

Vereinzeln mindestens 10 cm betragen. Anschließend angießen und etikettieren. Die pikierten Pflanzen werden nun wieder an einen hellen, warmen Ort gestellt (mindestens 20, besser 22 °C), bis die Zeit zum Pflanzen ins Beet oder größere Gefäße gekommen ist.

Die Erde wird feucht, aber nicht zu nass gehalten. Etwa zehn Tage nach dem Pikieren kann mit einem Flüssigdünger gedüngt werden. Je nach Temperatur und Wachstumsgeschwindigkeit sollten Sie das Düngen zwei- bis dreimal im Abstand von zwei Wochen wiederholen.

Freiland oder Gewächshaus?

Chili, Paprika und Co. sind frostempfindlich und benötigen einen hellen, warmen Platz – im Frühbeet, im Kleingewächshaus oder an einem geschützten Platz im Freien. Ungeheizte Gewächshäuser und Frühbeetkästen verlängern das Gartenjahr, beheizte Gewächshäuser ermöglichen eine ganzjährige Pflanzenkultur.

Hoch wachsende Sorten benötigen eine Stütze.

Beheiztes Gewächshaus

Das beheizte Kleingewächshaus ermöglicht die Beeinflussung von Temperatur und Luftfeuchtigkeit am besten. Aber je mehr man heizen will, desto besser muss das Gewächshaus ausgestattet sein und desto höhere Heizkosten fallen an. Empfehlenswert sind unter Kosten- und Umweltaspekten Gewächshäuser, die gut isoliert sind und wenig beheizt werden. Mit ihnen können Sie das Gartenjahr verlängern und erwachsene, nicht allzu Wärme liebende Sorten überwintern.

Das Gewächshaus bietet Schutz vor Kälte und Regen – Letzteres fördert auch die Pflanzengesundheit. Andererseits muss vor allem im Sommer durch Lüften und Beschatten dafür gesorgt werden, dass die Temperatur nicht über 35 °C steigt. Für eine optimale Befruchtung sollte die Luftfeuchtigkeit bei 60–85 % liegen. Beim frühen Anbau sind die Fenster geschlossen und weder Wind noch Insekten können den Pollen transportieren. Daher sollten Gewächshausgärtner ihre Pflanzen täglich in den späten Vormittagsstunden leicht schütteln. Achtung: Wer seine Sorten rein halten will, muss sie insektendicht, voneinander getrennt ziehen.

Wenn Sie ganzjährig kultivieren möchten, ist in den lichtarmen Wintermonaten Zusatzbeleuchtung zu empfehlen.

Unbeheiztes Gewächshaus und Frühbeet

Sie sind kostengünstiger als beheizbare Gewächshäuser. Das Frühbeet (am besten mit Sockeln höhenverstellbar) ist eher für die kleinen bis mittelgroßen Sorten geeignet, das Gewächshaus und der Wintergarten für die größeren. Gepflanzt wird ab Ende April (in sehr kühlen Lagen besser erst ab Mitte Mai). Sollten nach der Pflanzung Nachtfröste angekündigt werden, können Sie zum Schutz Strohmatten oder Noppenfolie auf Frühbeet oder Gewächshaus bzw.

Das Gewächshaus sollte über gute Lüftungsmöglichkeiten verfügen, damit es im Sommer nicht zu heiß wird.

Vlies direkt über die Pflanzen legen. An sonnigen warmen Tagen muss dagegen unbedingt rechtzeitig gelüftet werden.

Im Freien

Ein geschützter, warmer Platz auf dem Balkon, der Terrasse, an einer Hauswand oder im Garten eignet sich für die Kultur der feurigen Schoten. Allerdings empfiehlt es sich, erst nach den Eisheiligen (Mitte Mai) auszupflanzen. Sollte nach der Pflanzung ins Freie nochmals ein Kälteeinbruch drohen, können die Pflanzen mit Folie oder Vlies geschützt werden – in Kübeln und Töpfen kultivierte Pflanzen können Sie auch näher an die Hauswand ziehen und mit einer Bambusmatte, Folie oder Vlies schützen.

Fruchtwechsel hält gesund

> **Wenn Pflanzen jedes Jahr im gleichen Boden stehen, wirkt sich das meist ertragsmindernd aus. Krankheitserreger im Boden können sich ansammeln und ausbreiten.** Um dies zu vermeiden, sollten Chili und Paprika von Jahr zu Jahr die Plätze mit Gemüse aus anderen Pflanzenfamilien tauschen, z. B. mit Zucchini, Gurken und Gartenkräutern.

Pflanzen und pflegen

Chili, Paprika und ihre Verwandten mögen viel Licht, Wärme und frische Luft. Wenn Sie ihnen das bieten, sind sie leicht zu kultivieren. Die Pflanzen sind Selbstbestäuber. Von der Blüte bis zur reifen Frucht dauert es 5 bis 6 Wochen. Ein Tipp: Brechen Sie die erste Blütenknospe („Königsknospe") aus. Damit fördern Sie die weitere Pflanzen- und Blütenentwicklung und steigern den Ertrag.

Boden vorbereiten und pflanzen

Paprika gedeihen in einem lockeren, humosen Gartenboden, in einer handelsüblichen Pflanzenerde oder einer eigenen Mischung aus Gartenerde und Kompost. Der pH-Wert sollte im schwach sauren Bereich (pH 5,5–6,5) liegen. Wer im Garten oder Gewächshaus bedarfsgerecht düngen

Smart

Hungrig oder satt

> **Kontrollieren Sie,** ob Ihre Pflanzen richtig ernährt sind: Wirken sie hellgrün und mager, dann düngen Sie öfter. Wirken sie dunkelgrün und mastig, dann legen Sie eine kleine Düngepause ein. Besonders vor der Überwinterung sollten die Pflanzen nicht überernährt werden.

möchte, lässt vor der Pflanzung eine Bodenuntersuchung bei einem anerkannten Bodenuntersuchungslabor machen und düngt entsprechend der Ergebnisse. Diese Untersuchung sollte alle 4–6 Jahre wiederholt werden. Ansonsten gilt die folgende Pauschalempfehlung: Vor der Pflanzung wird der Boden mit 5 bis 10 Liter verrottetem Kompost pro Quadratmeter verbessert – die Menge entspricht einer Schichtdicke von 0,5 bis 1 cm. Wer keinen Kompost hat, bringt bei der Pflanzung einen organischen Volldünger aus.

Dann wird gepflanzt: Die Pflanzen sollten genauso tief in die Erde gepflanzt werden, wie sie auch im Anzuchtgefäß standen. Je größer die Wuchshöhe der Sorte, desto weiter muss der Pflanzabstand sein: Bei niedrigen Sorten pflanzt man 10–15 Pflanzen pro Quadratmeter. Bei den höher wachsenden 3–8 Pflanzen pro Quadratmeter. Nach der Pflanzung sorgfältig angießen, damit die Wurzeln engen Kontakt zur Erde bekommen.

Wie werden die Scharfmacher gedüngt?

> **Grunddüngung:** mit Kompost (5–10 l/m^2) oder organischem Volldünger vor/bei der Pflanzung.

> **Wachstums-, Blüh- und Fruchtphase:** alle ein bis zwei Wochen schwach dosiert mit Flüssigdünger oder organischem Volldünger.

> **Vor der Überwinterung:** Sobald die Tage kühler werden, kann auch die Düngung reduziert werden.

Frühestens zwei Wochen nach der Pflanzung können Sie zusätzlich anfangen zu düngen. Gut geeignet sind organische Dünger oder flüssige Volldünger in niedriger Dosierung (Packungshinweis beachten). Letzterer wird einfach etwa alle ein bis zwei Wochen dem Gießwasser beigemengt.

Bewässerung – manuell oder automatisch

Die Wurzeln von Chili, Paprika & Co. wachsen eher flach, weshalb sie nicht auf Wasser in größeren Tiefen zurückgreifen können. Deshalb müssen Sie die Pflanzen öfter mit kleineren Mengen Wasser gießen.
Eine Tropfbewässerungsanlage erleichtert die Gießarbeit ungemein. Das Wasser tritt direkt in Pflanzennähe und ohne Druck aus dem Tropfschlauch. Es versorgt so die Pflanzen auf wassersparende Art, ohne dass das Klima im Gewächshaus zu feucht wird. Besonders einfach wird das Gießen, wenn die Bewässerungsanlage mittels Bewässerungscomputer und Feuchtefühlern automatisiert wird (Systeme z. B.

Würzig-scharfe Terrassenbepflanzung mit Chili.

von Gardena und von Beckmann). Die Anlage muss verlegt und dann ausgiebig getestet werden, bevor Sie sich auf sie verlassen und verreisen können.

Stützen und Aufbinden

Sorten, die nicht höher als 40 cm werden, benötigen in der Regel keine Stütze. Höhere Sorten bekommen durch Stützringe, waage-

recht gespannte Seile oder Drähte oder durch grobmaschige Netze den notwendigen Halt. Sehr hoch wachsende Sorten werden an Spalieren, Stäben, Drähten oder Schnüren aufgeleitet und gestützt. Vor allem im Gewächshaus bietet sich das Aufleiten an Schnüren an, dadurch wird der Platz in der Höhe wesentlich besser ausgenutzt.Dazu werden die Pflanzen zwei- oder dreitriebig gezogen.

Pflanzen gesund erhalten

Chili, Paprika und ihre Verwandten können krank oder von Schädlingen befallen werden. Zwar haben sie auch eigene Abwehrmechanismen, diese sind aber abhängig von Standort, Klima- oder Bodenverhältnissen. Mit den richtigen Maßnahmen können Schäden abgewendet werden.

Vorausschauend gärtnern

Die Pflanzen sind weit von ihrer ursprünglichen Heimat in Mittel- und Südamerika entfernt. Damit sie sich bei uns wohlfühlen und gut gedeihen, müssen wir ihre wichtigsten Ansprüche erfüllen. Sie mögen es hell und

Regelmäßig die Pflanzengesundheit kontrollieren.

warm bei gleichzeitig viel frischer Luft. Wenn Sie Ihren Pflanzen dann noch einen lockeren, humosen Boden und einen Regenschutz bieten, tragen Sie schon einiges zur Pflanzengesundheit bei. Kalte und nasse „Füße" sind beim Anbau von Paprika unbedingt zu vermeiden. Zu viel Wasser verdrängt den Sauerstoff aus dem Wurzelraum und die Wurzeln – und somit die ganze Pflanze – leiden. Zudem fördern Nässe und eine schlechte Bodenstruktur verschiedene bodenbürtige Pilze und Bakterienkrankheiten wie Korkwurzelkrankheit oder *Verticillium*-Welke. Vor kühlen Wetterperioden also nur wenig Wasser geben. Berücksichtigen Sie außerdem, dass der Wasserbedarf bei Wind wesentlich höher ist als bei Windstille.

Wenn Sie Ihre Pflanzen gezielt im Wurzelbereich gießen, breitet sich das Wasser zwiebelförmig nach unten aus. So wirkt die Erde oberirdisch trocken, aber unterirdisch sind die Wurzeln gut versorgt. Auch bleibt so die Luft oberhalb des Bodens trockener, was die Taubildung vermindert und somit auch die Ansiedlung von Pilzkrankheiten.

Mit der Natur

Ebenso wie in der Natur gibt es auch im Garten keine keim- oder schädlingsfreien Zonen. Aber durch die richtigen Maßnahmen können Sie dafür sorgen, dass Krankheitserreger ungefährlich bleiben und Schädlinge keinen Schaden anrichten. Wechseln Sie daher von Jahr zu Jahr den Anbauplatz, tauschen Sie beispielsweise den Platz der Paprikas mit dem der Gurken und Bohnen, damit sich bodenbürtige Krank-

Vorbeugen ist besser als Heilen

> **Widerstandsfähige robuste Sorten** bevorzugen.
> Pflanzen **hell aufstellen**. Aber: Je weniger Licht die Pflanzen während der Überwinterung haben, desto kühler sollten sie stehen.
> **Nicht über die Blätter gießen**, damit sich keine Pilzkrankheiten ansiedeln können. Kranke Blätter regelmäßig absammeln. Staunässe vermeiden.

Smart

Chili, Paprika und Co. eignen sich auch hervorragend für Mischpflanzungen im Garten und auf dem Balkon.

heiten und Schädlinge nicht weiter vermehren können. Reinigen Sie Binde- und Stützmaterial sowie Werkzeuge und Gefäße nach Gebrauch gründlich mit möglichst heißem Wasser.

Fördern Sie die natürlichen Feinde der Schädlinge, z. B. indem Sie Frühblüher kultivieren. Von den Pollen dieser Pflanzen ernähren sich Flor- und Schwebfliegen, deren Larven Blattläuse vertilgen.

Krankheiten und Schädlinge

Kontrollieren Sie Ihre Pflanzen regelmäßig! Je früher Sie einen Krankheits- oder Schädlingsbefall feststellen, desto besser sind die Erfolgsaussichten.

Was tun bei Schädlingsbefall?

Die am häufigsten auftretenden Schädlinge an Chili, Paprika & Co. sind Blattläuse, Weiße Fliege, Spinnmilben (Rote Spinne) und Thripse. Alle vier Schädlinge saugen Pflanzensaft. Schauen Sie bei Ihren Kontrollen auch auf die Blattunterseite, dort finden Sie diese meist zuerst.

▶ **Blattläuse** sind kleine, gelbe, grüne oder rote Insekten mit oder ohne Flügel. Sie bilden schnell größer werdende Kolonien auf der Blattunterseite, an Blüten und Trieben.

▶ **Erwachsene Weiße Fliege** sehen aus wie sehr kleine, weiße Motten. Die Larven sind weiß, eiförmig und unbeweglich.

▶ **Thripse** sehen aus wie kleine Striche. Die Jungtiere sind eher hell und gelblich, die erwachsenen Thripse haben Querstreifen. Stärker befallene Blätter werden silbrig mit winzigen glänzenden Kottröpfchen.

▶ **Spinnmilben** sind kaum größer als ein Punkt. Je nach Alter, Ernährung und Jahreszeit sind sie fast durchsichtig, grünlich oder rot. Stark befallene Blätter werden fahl.

Ist der Befall noch nicht zu weit fortgeschritten, können gegen Schädlinge an geschützten Orten (z. B. dem Kleingewächshaus) Nützlinge eingesetzt werden. Blattläuse können mit Florfliegen, Marienkäfern und Schlupfwesen bekämpft werden, Weiße Fliege mit Schlupfwespen, Spinnmilben und Thripse mit Raubmilben oder Florfliegen. Erhältlich sind die Tiere bei verschiedenen Nützlingszüchtern und über Gartencenter.

Weiße Fliege können biologisch mit Schlupfwespen bekämpft werden.

Ist der Befall bereits weiter fortgeschritten, können Sie nützlingsschonende Präparate beispielsweise auf Basis von Kaliseife anwenden. Die Behandlung sollte mehrmals mit einigen Tagen Abstand wiederholt werden. Bitte beachten Sie die aktuellen Zulassungsbestimmungen für Pflanzenschutzmittel (www. bvl.bund.de).

Strategien gegen Krankheiten

Chili und Paprika können vom Tomatenmosaikvirus befallen werden. Die Virus-

Marienkäferlarven sind fleißige Blattlausvertilger.

Erste Hilfe

> **Schädlinge** wie Blattläuse, Weiße Fliege, Spinnmilben und Thripse können mit einem Kaliseife-Präparat behandelt werden.
> **Blätter und Früchte** mit Flecken sollten Sie sofort entfernen, damit sich von hier keine Pilzkrankheiten ausbreiten.
> **Dauerhaft welkende Pflanzen** sind möglicherweise von einer Welkekrankheit befallen und müssen entfernt werden.

krankheit zeigt sich durch mosaikförmige Flecken auf Blättern, Stielen und Früchten, durch Verformungen und Absterbeerscheinungen. Erkrankte Pflanzen können nicht geheilt, sondern müssen so schnell wie möglich aus dem Bestand entfernt werden. Inzwischen werden viele resistente und tolerante Sorten angeboten, wie 'Gourmet', 'Goldflame' F1, 'Bendigo' F1, 'Pinokkio' F1, 'Nazar' F1 und viele andere.
▸ **Grauschimmel** (*Botrytis*) ist dagegen eine Pilzkrankheit, die sich durch Fäulnisstellen

und einen mausgrauen Belag an Stängeln und Blättern äußert. Beugen Sie dieser Krankheit vor, indem Sie nicht zu eng pflanzen und die Pflanzen vor Regen und Tauwasser schützen.
▸ **Welkekrankheiten** wie *Fusarium*- und *Verticillium*-Welke beugt man durch eine weite Fruchtfolge vor (nur alle 3–4 Jahre Nachtschattengewächse auf die gleiche Fläche pflanzen). Welkende Pflanzen, die sich nach dem Gießen nicht erholen, sollten Sie zügig aus dem Bestand entfernen.

Smart

Auf Balkon und Terrasse

Die Scharfmacher haben äußerst attraktive Früchte. Die Leuchtkraft der Farben, die schönen Formen und der herrliche Glanz kommen besonders im Kontrast zu dem schlichten, dunklen Laub zur Wirkung. Sie bieten sich zur Verschönerung von Balkon und Terrasse an und sind problemlos mit anderen Pflanzen kombinierbar.

Fruchtschmuck

Die Pflanzen brauchen Licht und Wärme, damit sie viele Früchte ansetzen. Eine nach Südosten, Süden oder Südwesten gerichtete Terrasse oder ein Balkon bieteen meist gute Bedingungen. Bei trockener und heißer Witterung muss besonders auf ausreichende Bewässerung geachtet werden.

▸ **Niedrig bleibende Paprika- und Chilisorten** lassen sich wunderbar in bunt gemischte Balkonkästen pflanzen. Kombiniert mit Sommerblumen, Gewürzen oder anderem Gemüse wie Balkontomaten und buntblättrigen Salaten bieten sie eine prächtige Augenweide.

▸ **Hochwachsende Sorten** wirken in Kübeln sehr attraktiv. Die Kübel sollten etwa acht bis zehn Liter Erde fassen können.

Sie geben Ihrer Terrasse ein mediterranes Flair, wenn Sie Chilis, Tomaten und Zierpflanzen in Terrakotta-Gefäße pflanzen. Wenn Sie es lieber rustikal mögen, verwenden Sie Holzgefäße und Steintröge.

Richtig getopft

Die Topfgröße sollte so gewählt werden, dass die Pflanzen genügend Halt und einen ausreichenden Nährstoff- und Wasservorrat bis zum nächsten Pflegevorgang haben. Wichtig ist, dass die Gefäße ein Abzugsloch im Boden haben, denn eines vertragen Paprikapflanzen nicht: Staunässe. Deswegen ist auch eine kleine Dränage am Grund des Gefäßes zu empfehlen. Dazu einfach vor dem Bepflanzen unten Blähton oder Kieselsteine einfüllen. Als Pflanzerde eignet sich Blumenerde, Tomatenerde oder eine eigene Mischung aus Gartenerde und reifem Gartenkompost.

Sorten für Kübel und Kästen

▸ Für Balkonkästen und kleine Gefäße eignen sich **niedrig wachsende Sorten** wie 'Multi' F1 (blockige, gelbe Früchte), 'Nazar' F1 (blockige Früchte, dunkelrot

Mit Chilis lassen sich appetitliche Farbakzente setzen.

Topfpflanzen auf Balkon und Terrasse sorgen für reiche Ernte.

reifend) und Zierpaprika 'Medusa' F1.

▶ Etwas **höher wachsend** und daher für Kübel geeignet sind 'Gourmet' (blockig, orange reifend), 'Pinokkio' F1 (länglich spitz, tieforange reifend), Tomatenpaprika 'Tommy' F1, 'Bischofsmütze' (kleine Glocken, rot reifend), Jalapeño-Paprika 'Gaucho' F1 (walzenförmig, rot reifend), 'Bulgarian Carrot Chili' (karottenförmig, orangereifend)und 'Habanero' (kleine Lampions, rot, gelb oder orange reifend, extrem scharf).

▶ Für eine **Spalierbepflanzung** an einem geschützten Platz eignen sich die höher wachsenden Sorten, wenn sie ein- bis zweitriebig gezogen werden. Außerdem sehr stark wachsende Sorten wie die spitzige Riesenpaprika 'Pantos' (große, fleischige Früchte).

Vorsicht Kinderhände

> **Die schönen, glänzenden Früchte** machen neugierig und Appetit. Scharfe Sorten sollten daher nicht in Reichweite von Kindern stehen. Erklären Sie Ihren Kindern, dass sie die Früchte keinesfalls einfach abpflücken und essen dürfen. Milde und kompakt wachsende Sorten für Balkon und Terrasse sind 'Multi' F1, 'Nazar' F1 und 'Medusa' F1.

Bewässern und Düngen

Bei der Pflege von Pflanzen in Balkonkästen, Töpfen oder Kübeln ist wegen des geringen Platzangebotes besonders auf richtiges Gießen und Düngen zu achten.

So gedeihen Chilis!

Chili, Paprika und ihre Verwandten haben empfindliche, nicht allzu stark wachsende Wurzeln. Die Erde in den Gefäßen sollte feucht, aber nicht nass sein. Daher benötigen die Gefäße unten Abzugsöffnungen. Bei Verwendung eines Übertopfes oder Untersetzers sollten Sie spätestens 20 Minuten nach dem Gießen das überschüssige Wasser abgießen. Unter Kübel, die direkt auf dem Boden aufliegen würden, legen Sie am besten kleine Abstandshölzchen, damit überschüssiges Wasser frei abfließen kann – das verhindert nicht nur das Faulen der Wurzen, sondern auch das Faulen der Unterseiten von Holzkübeln oder Gefäßen aus Korb. Achten Sie beim Gießen darauf, dass die Blätter

Smart

Ausflugsziel Weihenstephan

> Die Forschungsanstalt für Gartenbau Weihenstephan zeigt in ihrer Kleingartenanlage lehrreiche Beispiele zum Thema Gemüseanbau, speziell auch zum Anbau auf Balkon und Terrasse einschließlich verschiedener Bewässerungssysteme. Die attraktiven Bepflanzungsideen, z. B. Paprikas kombiniert mit Kräutern und Sommerblumen, sind unbedingt einen Ausflug wert!

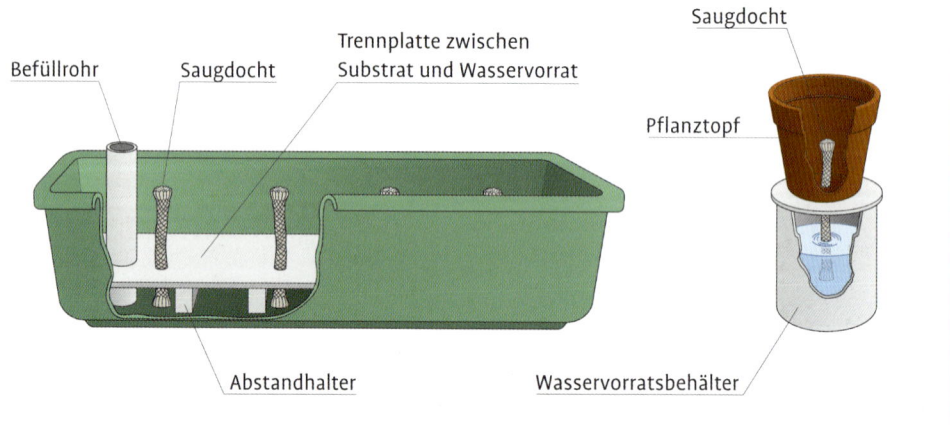

Befüllrohr   Saugdocht   Trennplatte zwischen Substrat und Wasservorrat   Saugdocht

Pflanztopf

Abstandhalter   Wasservorratsbehälter

Besonders für einen sonnigen Balkon zu empfehlen: Die Dochtbewässerung erspart allzu häufiges Gießen.

nicht mit Wasser benetzt werden. Sie sollten eine lange Tülle verwenden und direkt auf die Erde gießen. So haben Pilzkrankheiten kaum eine Chance.

▸ **Nährstoffproviant** erhalten die Pflanzen zunächst aus der Pflanzerde. Während des Wachstums sollten Sie zusätzlich düngen, z. B. mit Flüssigdünger (Tomatendünger), einem wasserlöslichen Volldünger oder einem Langzeitdünger. Achten Sie hierbei auf die Dosierungsangaben auf der Verpackung. Da der Nährstoffbedarf von der Wüchsigkeit der Sorte, der Topfgröße und anderen Faktoren abhängig ist, sollten Sie Ihre Pflanzen beobachten: Werden sie dunkelgrün und mastig, machen Sie eine Düngepause. Sind sie blass und mager, düngen Sie häufiger.

Gesunde, kräftige Pflanzen dank guter Pflege.

Balkonbewässerung automatisieren

Wer viele Balkon- oder Terrassenpflanzen hat, kennt das mühsame Kannenschleppen im Sommer und die Sorge um die Pflanzen im Urlaub.
Mithilfe einer automatischen Wasserversorgung können Sie sich diese Arbeit erleich-

tern. Es gibt Blumenkästen und Töpfe mit eingebautem Wasservorratsbehälter (Manna).
Bewährt haben sich auch verschiedene Tropfbewässerungssysteme, die im Gartenfachhandel erhältlich sind: Bei Tropf-Blumat (Blumat) und Beta 8 (Beckmann) wird das Gießen an jeder einzelnen Tropfstelle über einen Keramik- oder Holzsensor gesteuert. Bei

anderen Systemen (z. B. von Gardena und Beckmann) werden die Gießvorgänge mit Zeitschaltuhr, Bewässerungscomputer und/oder Feuchtigkeitsmessgerät zentral gesteuert.
Das System sollte bereits einige Zeit vor dem Urlaub installiert werden, um genug Zeit für die Feinabstimmung und regelmäßige Kontrollen zu haben, auch nach dem Urlaub.

Spezial

Die Scharfmacher
im Gartenjahr

Chilis sind ein spannendes Hobby: Im Winter wird eifrig geplant, ab Frühjahr tatkräftig vorbereitet, was im Sommer und Herbst köstliches geerntet und verarbeitet wird. Am richtigen Platz lassen sie sich sogar überwintern.

Bereits im Januar können Sie mit den ersten Vorbereitungen beginnen: Samenkataloge und das Internet nach neuen Angeboten durchforsten, Saatgut-Restbestände vom Vorjahr sichten, eventuell Keimproben durchführen und den Anbau im Garten und auf dem Balkon planen.

Zur Aussaat bereit

Ab Ende **Februar** kann für das Kleingewächshaus, ab Mitte **März** für das Freiland ausgesät werden. Sobald die Keimblätter entfaltet sind und sich die Pflänzchen gut greifen lassen, werden sie vereinzelt (pikiert) oder gleich einzeln in Töpfe gepflanzt.

Ab Ende **April** können die ersten Pflanzen in ein frostfreies Gewächshaus gepflanzt werden, ab Anfang **Mai** ins ungeheizte Gewächshaus und nach den Eisheiligen, ab etwa 16. Mai, auch ins Freiland.

1 **Aus kräftigen Jungpflanzen** werden gute Ertragspflanzen: Wenn Sie selbst ausgesät haben, kultivieren sie nur die schnellsten, kräftigen und gesunden Keimlinge weiter. Genauso anspruchsvoll sollten Sie auch beim Kauf von Jungpflanzen sein. Die Pflanzen sollten nicht zu tief gesetzt werden, da sie sonst leichter an Stängelfäule erkranken. Höhere, weniger standfeste Sorten bekommen Halt durch waagerecht gespannte Seile, Netze oder Stützringe, in die sie hineinwachsen.

Wer nicht selbst ausgesät hat, kann sich beim örtlichen Gärtner, auf dem Wochenmarkt, im Gartencenter und in den Gartenabteilungen von Baumärkten nach Jungpflanzen umschauen.

Sommerzeit ist Pflege- und Erntezeit

Ab **Juni** stehen die Pflegearbeiten im Mittelpunkt: Gießen, Düngen, Aufbinden und kranke Blätter entfernen. Die erste erscheinende Blüte („Königsblüte") wird bei jeder Pflanze entfernt, um die weitere Blüten- und Fruchtbildung zu fördern. Je nach Aussaatzeit, Standort und Sorte, beginnt die Erntezeit im **Juli** und setzt sich kontinuierlich in **August** und **September** fort. Was man nicht frisch verarbeiten kann, wird durch Einfrieren, Trocknen und Einwecken haltbar gemacht.
Pflanzen, die überwintert werden (hell bei 5–12 °C), müssen vor den ersten Frösten ins Winterquartier umgeräumt werden. Im **November** werden die Freilandflächen abgeräumt.
Ab **Dezember** bleiben nur noch das Kontrollieren der Vorräte und die Vorfreude auf das nächste Jahr.

2 Erntezeit ist die schönste Zeit. Für einige Gerichte – gefüllte Paprikaschoten und gefüllte Jalapeños – werden die Früchte unreif, also kurz vor dem Farbumschlag von Grün nach Rot, Gelb, Lila oder Orange, geerntet. Ihr volles Aroma erreichen Chili und Paprika erst nach dem Farbumschlag. Auch wenn Sie keimfähiges Saatgut gewinnen möchten, müssen Sie die Früchte ausreifen lassen.
Was von der Ernte nicht sofort verbraucht wird, kann je nach Sorte und Reifezustand einige Zeit kühl gelagert werden – je unreifer geerntet, desto länger. Wenn Sie mehr ernten, als sie verbrauchen, können Sie die Früchte durch Einlegen, Trocknen und Einfrieren haltbar machen.

Scharfe Schoten in der Küche

Küchenpraxis

Chili, Paprika und Co. besitzen vielfältige Geschmacksrichtungen und Schärfegrade. Nicht nur die Sorteneigenschaften, sondern auch der Reifegrad, die Art der Zubereitung sowie die Kombination mit anderen Zutaten bestimmen, wie sie zur Wirkung kommen.

Schoten vorbereiten

Grün geerntete Früchte haben einen frischen, herben Geschmack, reife dagegen sind süßer und aromatischer. Durch Trocknung und Zubereitung (z. B. Rösten oder Räuchern) können sich weitere neue Geschmacks-

und Aromakomponenten entfalten. Vor der Verarbeitung werden die Früchte mit sauberem Wasser gereinigt.

▶ Unter der Schale sind viele wichtige Vitamine, doch Sie können die Früchte auch häuten: Sie werden dazu an einer Stelle eingeritzt und auf den vorgeheizten Grill, in den Backofen (200–220 °C) oder in eine heiße Pfanne gelegt, bis die Haut Blasen wirft. Anschließend in eine Plastiktüte geben oder mit einem feuchtkühlen Handtuch zudecken und nach 10 min kann die Schale mithilfe eines Messers abgezogen werden.
▶ Paprikaschoten werden geputzt, indem Sie sie halbieren und dann Stiel,

Smart

Chilis rösten

> **Durch Rösten** lassen sich getrockneten Chilis ganz neue Geschmacksnoten entlocken. Geröstet werden kann in einer Pfanne, direkt über offenem Feuer oder auf dem Grill: Achtung, nur wenige Sekunden auf jeder Seite erhitzen! Die Chilis können nach dem Rösten gemahlen als Streuwürze verwendet werden oder auch rehydriert (in Wasser eingeweicht) gefüllt oder für Salsas zerkleinert werden.

Samen und Scheidewände entfernen. Anschließend wird das Fruchtfleisch in Stücke geschnitten. Zum Füllen der Paprikaschoten schneiden Sie die Kappe mit Stiel ab und entfernen Samen und Scheidewände.
▶ Bei scharfen Schoten wird der Stiel mitsamt dem Kelch abgeschnitten. Wenn Sie die Schärfe mildern möchten, schneiden Sie die Schoten längs auf, entfernen Samen und Scheidewände und schneiden die Schoten mit einem Wiegemesser in kleine Stücke.

Optimales lagern

> Frische Schoten bei 8–9 °C lagern (Gemüsefach im Kühlschrank). Sie sind so etwa 10 Tage haltbar.

> Getrocknete Schoten in verschließbare Behälter füllen und trocken, dunkel und kühl aufbewahren.

> Gläser mit eingelegten Schoten dunkel und kühl aufbewahren (max. 6 Wochen). Angebrochene Gläser in den Kühlschrank stellen.

Chilis haben es in sich: Sie werden milder, wenn man Kerne, Plazenta und Scheidewande entfernt.

Schoten einfrieren

Geschmack und Schärfe bleiben beim Einfrieren erhalten, nur die Struktur wird weicher. Sie können ganze oder geschnittene und/oder gehäutete Schoten einfrieren, auch selbst hergestellte fertige Soßen lassen sich durch Einfrieren haltbar machen. Chilis und Paprikas brauchen vor dem Einfrieren nicht blanchiert zu werden. Wenn Sie kleine Schoten einfrieren und später einzeln verwenden möchten, müssen Sie dafür sorgen, dass sie nicht zusammenkleben: Die Früchte zunächst lose in ein Gefäß nebeneinander legen und in den Gefrierschrank stellen. Sobald sie gefroren sind, können Sie sie in einer Gefrierdose oder einem Beutel unterbringen. Eingefroren sind die Früchte 8–10 Monate haltbar.

Hilfe, wenn's brennt!

Beim Umgang mit scharfen Chilis ist besondere Vorsicht geboten:

▸ Nach der Verarbeitung die Hände gründlich mit Seife waschen und keinesfalls empfindliche Körperteile berühren oder ins Auge fassen.

▸ Verwendete Werkzeuge und Geschirr sofort sorgfältig abspülen.

▸ Sehr scharfe Sorten/Zubereitungen erfordern Vorsichtsmaßnahmen wie die Benutzung von Einweg-Handschuhen (bei Zubereitung von 'Bhut Jolokia'-Sorten eventuell zwei Paar übereinanderziehen) oder das Dosieren per Pipette. Eine Brille schützt außerdem vor Spritzern ins Auge.

▸ Wenn scharfe Chilis in einem Mixer zerkleinert werden, sollte man das Gefäß mit einem Deckel verschließen, nach dem Zerkleinerungsvorgang ein wenig mit dem Öffnen warten und Abstand halten, damit eventuell austretenden Dämpfe nicht die Augen reizen.

Vorspeisen

Chili, Paprika & Co. haben ihren Platz in fast allen Küchen der Welt gefunden. Wir stellen Ihnen drei Vorspeisengerichte vor.

Hummus bi Tahina ist ein würziges Kichererbsenpüree mit Sesampaste aus dem Mittelmeerraum. Diese Version mit frischem Chili hat das gewisse Extra. Man kann Hummus als Vorspeise oder als Beilage zu Fleischgerichten genießen. Schon Plato und Sokrates wussten Hummus zu schätzen.

Mit Schafskäse **gefüllte Paprikas** aus Griechenland passen auch als Beilage zu Gegrilltem.

Paprika-Omelett aus Spanien ist optimal für die schnelle Küche.

Hummus bi Tahina

Zutaten für 2–3 Personen

- 200 g Kichererbsen (über Nacht eingeweicht)
- Saft von 1–2 Zitronen
- 2–3 Knoblauchzehen
- 2–3 EL Tahina-Paste (Sesampaste)
- ½–1 rote Chilischote
- 1 TL Delikatess-Paprikapulver (oder edelsüß)
- 1 EL Olivenöl
- 1 EL gehackte Petersilie
- Salz
- Cayennepfeffer nach Geschmack
- Wahlweise zusätzlich 1 TL Kreuzkümmel

1 Die eingeweichten Kichererbsen abseihen und eine Stunde in Salzwasser kochen; sie sollten völlig vom Kochwasser bedeckt sein. Das Kochwasser abgießen und dabei auffangen.

2 Petersilie waschen, Knoblauch schälen und beides fein hacken. Chilischote waschen, längs aufschneiden und eventuell entkernen, wenn Sie die Schärfe reduzieren wollen; anschließend hacken.

3 Alle Zutaten zusammengeben und pürieren bis ein cremiger Brei entsteht.

4 Hummus abdecken und etwa eine Stunde lang kalt stellen.

5 Zum Schluss mit Salz und Cayennepfeffer und eventuell etwas Zitronensaft abschmecken. Den fertigen Hummus auf einem Teller oder in einer kleinen Schüssel anrichten.

Tipps zu Hummus

> Für die Garnitur eignen sich Salatblätter, fein gewürfeltes rotes, gelbes, grünes Paprika-Fruchtfleisch und/oder einige Petersilienblättchen.

> Zu dieser pikanten Kichererbsen-Sesamcreme passen gegrilltes Fladenbrot und Gemüseschnitze.

> Hummus ist auch ein toller Dip zum Mitbringen für Grillfeste.

Smart

Mit Schafskäse gefüllte Paprika

Zutaten für 2 Personen

- 1 rote Paprikaschote
- 50 g Schafskäse
- 30 g Crème fraîche
- 1 TL frischer Thymian
- 1 TL Olivenöl

1 Paprikaschote waschen und halbieren, Stiel, Kerne und Scheidewände entfernen, anschließend trocken tupfen.

2 Schafskäse mit einer Gabel zerdrücken und in einer Schüssel mit der Crème fraîche mischen.

3 Dann Thymianblättchen fein wiegen und hinzugeben.

4 Beide Paprikahälften mit der Mischung füllen.

5 Backofen auf 200 °C Grad vorheizen. Eine kleine Auflauform mit Olivenöl auspinseln, die Paprikahälften hineinsetzen. Etwa 30 Minuten im Backofen backen.

Paprika-Omelett

Zutaten für 2 Personen
- je ½ rote und ½ gelbe Paprikaschote
- 1 kleine Zwiebel
- 1 Knoblauchzehe
- ½ Bund Petersilie
- 4 Eier
- 2 EL Milch
- Salz
- Pfeffer
- 1 EL Olivenöl

Schnell zubereitet, schmackhaft und gesund.

1 Paprikaschoten waschen, aufschneiden und Stiel, Kerne und Scheidewände entfernen. Fruchtfleisch in sehr schmale Streifen schneiden.

Aufgepeppt!

> Paprika-Omelett wird mit Baguette und buntem Salat zu einem schnell zubereiteten Hauptgericht.

Smart

2 Zwiebel und Knoblauch schälen und fein hacken. Petersilie waschen, Blätter von den Stängeln zupfen und fein wiegen.

3 Eier aufschlagen und mit Milch und Petersilie verquirlen, salzen und pfeffern.

4 Olivenöl in einer beschichteten Pfanne erhitzen. Zwiebeln darin glasig werden lassen, Knoblauch und

Paprika hinzufügen und unter Rühren leicht anbraten, dann gleichmäßig über den Pfannenboden ausbreiten.

5 Eimasse kurz schlagen, darüber gießen und bei schwacher Hitze langsam stocken lassen. Vorsichtig wenden und nochmals kurz von der anderen Seite backen. Sofort servieren.

Suppen

Hier stellen wir Ihnen zwei köstliche Suppen mit Chilis vor: Tom Yam Gung, eine thailändische Suppe, die entweder als Vorspeise oder sommerliches, leichtes Mittagessen genossen wird und eine sättigende, ungarische Gulaschsuppe.

Feuriges Tom Yam Gung

Zutaten für 2–3 Personen

- 6–8 rohe Garnelen
- ½–1 Thai-Chili o.a.
- 150 g Champions
- 2 Zitronenblätter
- 1 Stängel Zitronengras
- 1 Stück (2–3 cm) frischer Galgant und/oder Ingwer
- 1 Stück (2–3 cm) frische Korianderwurzel
- Korianderkraut nach Belieben
- 2 EL Limonensaft
- 2 EL Fischsoße
- ¾ l Wasser
- Salz zum Abschmecken

1 Von Garnelen die Köpfe abtrennen und die Schalen entfernen (beides aufbewahren), den Darm längs des Rückens entfernen, Garnelen abspülen. Köpfe und Schalen in ¾ l Wasser zum Kochen bringen, Korianderwurzel säubern, aufschneiden und hinzufügen. **2** Nach 10 Minuten Kochzeit: Flüssigkeit durch ein Sieb gießen und auffangen. Aufgefangenen Sud leicht weiter köcheln lassen (Fondherstellung). **3** Chilis waschen, aufschneiden, entkernen, fein aufschneiden und mit Fischsoße und Limonensaft in ein Schälchen geben. Champignons putzen und in große Stücke schneiden. **4** Zitronenblätter und Zitronengras waschen, Zitronengras in 3 cm lange Stücke schneiden. Galgant waschen und mit Zitronenblätter und Zitronengras zum Fond geben. **5** Fond kurz aufkochen, dann Hitze zurückdrehen und Garnelen und Champignons hinzufügen. 3 Minuten köcheln, währenddessen Korianderkraut waschen, Blätter abzupfen und grob hacken. **6** Suppe vom Herd nehmen, Chili-Mischung dazugeben, mit Salz abschmecken. Suppe auf Teller verteilen, mit Korianderkraut bestreuen und servieren.

Gulaschsuppe

Zutaten für 4 Personen

- 400 g mageres Rindergulasch
- 3 Zwiebeln
- 3 Tomaten
- 1 TL Rosenpaprika
- 1 TL Paprika, edelsüß
- 1 kleine Dose Tomatenmark
- 2 gestrichene EL Mehl
- ½ Glas Rotwein
- 1 l heiße Brühe
- 1 Prise Thymian
- ½ TL Majoran
- ½ TL Kümmelpulver
- 4 gestrichene EL Schweineschmalz
- Salz und Pfeffer

Smart

Tipps Thailändische Suppe

> Wer vorgekochte Garnelen ohne Schalen und Köpfe verwendet, kann seinen Fond aus gekauftem Fischfond und Gemüsebrühe herstellen.

> Vorgekochte Garnelen erst ganz zum Schluss in den Topf geben. Sie sollen nur heiß werden.

> Zitronengras, Zitronenblätter und Galgant werden nicht mitgegessen.

1 Tomaten waschen, Stielansatz entfernen, wahlweise
häuten, dann in Stücke
schneiden. Zwiebeln schälen
und in Ringe schneiden,
Fleisch würfeln. Schweineschmalz in einem großen
Topf erhitzen und darin das
Fleisch rasch anbraten.
2 Zwiebeln dazugeben und
unter Rühren glasig werden
lassen. Mit Paprikapulver
bestäuben, einige Sekunden
aufschäumen lassen, dann
umrühren. Mehl darüber
streuen und wieder einige
Sekunden schäumen lassen.
3 Thymian, Majoran und
Kümmelpulver dazugeben.
Tomaten hinzufügen und
rühren bis die Tomaten
weich sind.
4 Nach und nach mit der
Brühe aufgießen und an-
schließend 1½ Stunden leise
kochen lassen.
5 Temperatur herunterdre-
hen und mit Rotwein, Salz,
Pfeffer und Tomatenmark
abschmecken.

Lecker um Mitternacht
> Diese Suppe eignet sich
mit reichlich Baguette
auch hervorragend als
Mitternachtsimbiss auf
Festen.

Smart

Feurig scharf, aber erfrischend – eine thailändische Suppe.

Vegetarische Hauptgerichte

Die beiden folgenden Rezepte sind besonders würzig und sättigend. Beide eignen sich nicht nur als Mittag- oder Abendessen, sondern auch als leckere Nachtgerichte während einer langen Partynacht.

Chili sin Carne

Zutaten für 8 Personen

> 2 Zwiebeln
> 1–2 grüne Paprika
> 1–2 gelbe Paprika

Auch für Anfänger leicht nachzukochen.

> 1–2 Chilischoten
> 2 Dosen geschälte Tomaten (Einwaage 400 g)
> 3 große Dosen Kidneybohnen (Einwaage 800 g)
> 4 EL Pflanzenöl
> Thymian
> Cumin (Kreuzkümmel)
> Salz und Pfeffer

1 Paprika putzen und das Fruchtfleisch in Würfel schneiden, Zwiebeln schälen und fein hacken.

2 In einem großen Topf Pflanzenöl erhitzen und die Zwiebel darin leicht anschwitzen. Paprika hinzufügen.

3 Chili putzen, in feine Röllchen schneiden oder hacken, hinzufügen und unter Rühren mit anschwitzen.

4 Einen Teil des Bohnenwassers abgießen (wenn ganz, dann müssen je nach Kochzeit 2–4 Tassen Gemüsefonds vorbereitet werden).

5 Gestückelte Tomaten und Bohnen in den Topf geben und kurz aufkochen. Anschließend mindestens eine Stunde köcheln lassen.

Tipps

Besonders deftig wird das Gericht, wenn 1 Dose Kidneybohnen durch weiße Bohnen ersetzt wird. Statt Dosenbohnen kann man auch eingeweichte Trockenbohnen nehmen und statt Zwiebeln kann Lauch verwendet werden. Je länger der Eintopf köchelt, desto leckerer wird er. Dazu passen Reis, Baguette oder türkisches Fladenbrot.

Chile Rellenos de Queso

Chile Rellenos de Queso werden am besten mit einer würzig fruchtigen Tomatensoße (aus Tomaten, Zwiebeln, Paprikas und Gewürzen) sowie Reis und Salat gereicht (nicht im Rezept enthalten).

Smart

Gäste schonen

> Nicht alles, was Sie selber vertragen, können Sie auch Ihren Gästen zumuten. Kochen Sie für Gäste lieber weniger scharf und schaffen Sie die Möglichkeit, dass jeder selbst am Tisch mit Chilisoße oder getrocknetem Chili nachwürzen kann.

Chilis mit Käse gefüllt und ausgebacken – köstlich.

Zutaten für 2–3 Personen

- 6–8 Poblano- oder Dolmalik-Schoten (o.a. spitz zulaufende Schoten, die sich zum Füllen eignen)
- 250 g Semmelbrösel
- 300 g Gouda, Cheddar o. ä.
- Salz und Pfeffer
- 1 Prise Kreuzkümmel
- Öl zum Ausbacken
- 3 Eier
- Salz
- 50–80 g Mehl

1 Die Schoten häuten. Anschließend die Früchte vorsichtig seitlich aufschlitzen und von ihrem Innenleben befreien.

2 Den Käse reiben, etwa 50 g davon abnehmen und den Rest mit den Semmelbröseln, Salz, Pfeffer und etwas Kreuzkümmel mischen und die Schoten damit füllen. Die Öffnungen anschließend zusammendrücken.

3 Eier vorsichtig aufschlagen und Eigelb und Eiweiß trennen. Das Eiweiß steif schlagen und salzen. Langsam das Eigelb eins nach dem anderen unterschlagen.

4 Reichlich Öl zum Ausbacken (Frittieren) in eine hohe Pfanne füllen und auf 180 °C Grad erhitzen.

5 Die Chili-Schoten trocken tupfen, mit Mehl bestäuben und durch die Eimasse ziehen, sodass sie vollständig umhüllt sind. Dann sofort im heißen Fett ausbacken, dabei einmal wenden; die Schoten sollen auf beiden Seiten eine schöne, goldbraune Farbe bekommen. Backofen auf 180 °C Grad vorheizen.

6 Die Schoten aus dem Fett nehmen und auf Küchenpapier abtropfen lassen. Anschließend auf einen feuerfesten Teller legen. Mit dem restlichen Käse bestreuen und kurz in den Backofen geben, bis der Käse schmilzt.

7 Die Schoten aus dem Backofen nehmen und mit einer fruchtigen Tomaten-/Paprikasoße servieren.

Weniger Schärfe, mehr Aroma

> Scharfe Schoten lassen sich entschärfen, indem man das Innenleben der Früchte (Samen, Plazenta, Scheidewände) vor der Verarbeitung entfernt. So bringt man mehr Aroma bei weniger Schärfe ins Gericht.

Smart

Hauptgerichte mit Fleisch

Grünes Curry mit Hähnchen

Zutaten für 2 Personen

- 200 g Hühnerbrustfilet
- ½ rote Paprikaschote
- ½–1 rote Thai-Chili
- ½–1 grüne Thai-Chili
- 1 kleine Dose Bambussprossen
- 100 g Zuckererbsenschoten
- 400 ml Kokosmilch
- 1 TL grüne Curry-Paste
- 2 EL Fischsoße
- 2 EL Rohrzucker
- 1 Zweig thailändisches Basilikum zum Garnieren

1 Fleisch abspülen, abtrocknen und in schmale Streifen schneiden.
2 Paprika und Chili waschen und Inneres entfernen. Paprika in schmale Streifen, Chili in Röllchen schneiden.
3 Bambussprossen abtropfen lassen und in schmale Streifen schneiden. Basilikum waschen und die Blätter abzupfen.
4 100 ml Kokosmilch (vom dicklichen Anteil) aufkochen und die Currypaste sorgfältig einrühren.
5 Das geschnittene Fleisch, restliche Kokosmilch, Bam-bussprossen, Chili und Zuckerschoten hinzufügen, aufkochen und zehn Minuten köcheln lassen.
6 In eine Schüssel füllen, mit Paprikastreifen und Thai-Basilikum garnieren und mit klebrigem Reis servieren.

Tipp

Curry-Paste, Kokosmilch, Fischsoße und Bambussprossen gibt es in Asia-Läden, Zuckererbsen finden Sie in Asia-Läden, auf Gemüse-märkten und in der Gemüse-abteilung der meisten Supermärkte.

Szegediner Gulasch

Zutaten für 4 Personen

- 500 g Ochsenfleisch oder halb Ochsen-, halb Schweinefleisch
- 100 g durchwachsener Speck
- 400 g Sauerkraut
- 2 Paprikaschoten
- 3 Zwiebeln
- 2 Knoblauchzehen
- ½ EL Paprika, edelsüß
- ½ EL Kümmel
- 2 TL Tomatenmark
- 100 ml Wasser
- 50 g Schweineschmalz
- Salz und Cayennepfeffer
- 100 ml saure Sahne
- 1 EL Mehl

1 Fleisch abspülen, trocken tupfen und in Würfel schneiden. Anschließend Speck in Würfel schneiden.
2 Paprika-Fruchtfleisch in Streifen schneiden. Zwiebeln und Knoblauchzehen schälen und hacken.
3 Tomatenmark in das Wasser einrühren.
4 Schweineschmalz in einem großen Topf erhitzen, Speck und Fleisch darin anbräunen. Zwiebeln und Paprikastreifen dazugeben, weich werden lassen und mit Tomatenmarkwasser ablöschen und aufkochen.
5 Sauerkraut, Knoblauch und Gewürze hinzufügen und zugedeckt leicht kö-chelnd 75 Minuten garen. Zwischendurch umrühren.
6 Saure Sahne mit Mehl verquirlen, einrühren und weitere 15 Minuten lang köcheln lassen.

Kann mit Zwiebeln, Pilzen, Thai-Auberginen ergänzt werden.

Fisch & Meeresfrüchte

Die feurigen Schoten passen hervorragend in die Fisch- und Meeresfrüchteküche. Wir stellen Ihnen hier ein Gericht aus der Karibik, Garnelenspieße mit fruchtiger Chili-Soße, und ein spanisches Gericht, Kanarischer Fischtopf, vor.

Garnelenspieße mit fruchtiger Chili-Soße

Zutaten für 2 Personen

- 500 g Garnelen
- 1 scharfe Chilischote (z. B. 'Scotch Bonnet')
- 1 Papaya
- 1 kleine Zwiebel
- 2 Knoblauchzehen
- 1 Messerspitze geriebener Ingwer
- 1 Messerspitze Kurkuma-Pulver
- Saft von ½ Limette
- 1 Prise Salz
- evtl. 1 Prise Rohrzucker

Für die Soße

1 Zwiebel und Knoblauch schälen und hacken.
2 Papaya halbieren und mit einem Löffel die Kerne herauskratzen, anschließend schälen und etwa 150 g Fruchtfleisch in Würfel schneiden.

3 Chilischote waschen, Stiel abschneiden, Frucht seitlich aufschlitzen und Kerne und Scheidewände herauskratzen und wegwerfen. Die Schote klein schneiden.
4 Zwiebel, Knoblauch, Papaya-Würfel, Ingwer, Kurkuma, die Hälfte des Limettensaftes, Salz und Zucker (nur wenn die Papaya nicht richtig reif ist) in ein Gefäß geben und mit einem Küchengerät pürieren.
5 Masse in einen Topf geben und kurz aufkochen.
6 Kann warm oder kalt zu den Garnelen gereicht werden.

Tipps

> 'Scotch Bonnet' stammt aus der Karibik und gehört zu den schärfsten Chilisorten (Schärfegrad 10).
> Verarbeiten Sie solche Sorten nur mit Einweghandschuhen und spülen Sie anschließend Werkzeuge und Brettchen sofort ab.
> Die Soße aus diesem Rezept passt auch zu gegrilltem/gebratenem Gemüse, Fleisch und Fisch.

Smart

Für die Spieße

1 Den Garnelen den Kopf abtrennen und sie schälen, Schwanz belassen. Den Darm längs des Rückens entfernen. Garnelen kurz abspülen, trocken tupfen, auf Metallspieße stecken und salzen.
2 Die Spieße auf den Grill legen oder in einer Pfanne mit Butter oder Pflanzenöl von jeder Seite etwa 2 Minuten braten.
3 Anschließend sofort mit der Soße servieren.

Kanarischer Fischtopf

Zutaten für 4–6 Personen

- 1 kg Seefischfilets (z. B. Rotbrasse)
- 1 kg festkochende Kartoffeln
- 2 rote Paprikaschoten
- 2 Tomaten
- 2 Zwiebeln
- 5 Knoblauchzehen
- 1 TL Olivenöl
- ½ TL Kümmelpulver
- 2 Lorbeerblätter
- ½ TL Safran
- 1 TL Paprikapulver, edelsüß
- Salz, Cayennepfeffer
- ca. ⅜ Liter Brühe
- 1 Bund Petersilie

1 Zwiebeln schälen und hacken. Knoblauchzehen schälen und mit dem Wiegemesser fein wiegen.

2 Kartoffeln schälen und in Stücke schneiden. Paprikaschoten waschen und Stiel, Kerne und Scheidewände entfernen, Paprikafruchtfleisch in Streifen schneiden. Tomaten waschen und klein schneiden, vorher den Stielansatz entfernen.

3 Olivenöl in einem Topf erhitzen und die Zwiebeln darin etwas anbraten, mit dem Paprikapulver bestreuen und kurz aufschäumen lassen. Paprikas, Tomaten und Knoblauch dazugeben und unter Rühren kochen, bis die Tomaten sich auflösen.

4 Mit der Brühe aufgießen, Safran und Kümmelpulver einrühren, anschließend Lorbeerblätter hinzufügen. Die Kartoffelstücke in die Suppe geben und 15 Minuten darin vorgaren.

5 Fischfilet unter fließendem Wasser kurz abspülen, trocken tupfen und in Stücke schneiden. Die Fischstücke in die Brühe geben und etwa 10 Minuten darin garen und mit Salz und Cayennepfeffer abschmecken.

6 Petersilie waschen und hacken und vor dem Servie-

Gemüsezutaten und Kräuter können variiert werden.

ren über die Suppe streuen. Dazu passt Baguette.
Das Gericht kann man variieren, indem man die Gemüse- und Kräuterzutaten verändert (z. B. Auberginen- und Zucchiniwürfel hinzufügt, statt Petersilie Schnittlauch hinzufügt), einen Teil der Brühe ($\frac{1}{8}$ l) durch Weißwein ersetzt oder die Suppen-

flüssigkeit mit einer Mehlschwitze, Sahne oder pürierter Kartoffel andickt.

Cayennepfeffer

> 'Cayenne' ist eine alte Chili-Sorte. Cayennepfeffer entsteht, wenn die getrockneten Schoten gemahlen werden.

Smart

Würzsoßen und -pasten

Aus den scharfen Früchten lassen sich auch hervorragend Würzpasten herstellen. Der Basisvorgang ist immer gleich: Schoten entkernen, den Stiel entfernen und den Rest mit etwas Flüssigkeit und Salz pürieren. Wahlweise mit Zwiebeln, Knoblauch, Zitronensaft, anderem Gemüse und/oder Olivenöl verfeinern, in ein verschließbares Glas füllen und im Kühlschrank aufbewahren. Der eigenen Fantasie ist keine Grenze gesetzt. Die Haltbarkeit ist abhängig vom Salz- und Säuregehalt.

Ajvar

Zutaten für ein Glas

- 2 bis 3 große, vollreife, rote Paprikaschoten
- ½–1 rote Chilischote
- 1 kleine Aubergine
- 1 Zwiebel
- 1 Knoblauchzehe
- 1–2 EL Olivenöl
- 1 TL Zitronensaft
- Salz
- Pfeffer
- 1 Prise Zucker

1 Paprikas, Aubergine und Chilischote rösten und anschließend häuten.

Die gehäuteten Paprikas und die Chilischote längs halbieren, Stiel und Innenleben entfernen und das Fruchtfleisch in Stücke schneiden. Die gehäutete Aubergine in Würfel schneiden.

2 Zwiebel und Knoblauch schälen und fein würfeln. Olivenöl in einer Pfanne erhitzen und darin die Zwiebel langsam glasig werden lassen, anschließend Knoblauch dazugeben.

3 Im Anschluss Pfanne vom Herd nehmen und abkühlen lassen.

4 Paprikas, Chili, Aubergine und das Zwiebel-Knoblauch-Gemisch sehr fein würfeln oder in einer Küchenma-

schine grob zerkleinern, mit Zitronensaft, Salz und Zucker abschmecken und einige Stunden im Kühlschrank ziehen lassen (2 Tage haltbar).

Zigeunersoße

Zutaten für 2–3 Personen

- 1 rote Paprika
- 1 grüne Paprika
- 3 große Tomaten
- 1 große Zwiebel
- 1 EL Olivenöl
- 2 kleine Gewürzgurken
- Pfeffer
- Salz
- 1 EL Paprika, edelsüß
- 1 kleine Dose Tomatenmark
- 1–2 EL Zucker
- 1–2 EL Essig
- 1–2 EL frisch gehackte Petersilie

1 Paprikaschoten waschen, Stiel, Kerne und Scheidewände entfernen und das Fruchtfleisch in dünne Streifen schneiden.

2 Tomaten waschen und den Stielansatz herausschneiden, Fruchtfleisch in Stücke schneiden, Zwiebeln schälen, in Scheiben schneiden und Gewürzgurken fein hacken.

Tipps Ajvar

> Ajvar wird **kalt serviert** und passt zu gegrilltem und gebratenem Fleisch, Fisch und Gemüse sowie zu Reisgerichten.
> Ajvar-Variation: Statt oder zusätzlich zur Aubergine eine **Fleischtomate** hinzufügen.
> Ajvar haltbar machen: **Aufkochen** und in sterile Gläser füllen oder einfrieren.

Smart

Chilisoße passt hervorragend zu Gegrilltem, Frittiertem und Gebratenem.

3 Olivenöl in einer beschichteten Pfanne erhitzen und die Zwiebeln langsam glasig werden lassen, dann Paprikas zugeben und leicht anbraten.

4 Mit Paprikapulver bestäuben und rühren (nicht anbrennen lassen, wird sonst bitter). Tomatenstücke hinzufügen und unter Rühren mitkochen, bis sie aufgelöst sind.

5 Gehackte Gürkchen dazugeben und etwas einkochen lassen und mit Salz, Pfeffer, Essig, Tomatenmark und Zucker abschmecken

6 Vor dem Servieren mit etwas Petersilie bestreuen. Passt zu Gebratenem oder Gegrilltem.

Süß-saure Chilisoße

Zutaten für 2–3 Personen

- ½ rote Paprikaschote
- 1 rote Thai-Chili (ersatzweise 1–2 Hollandchilis)
- 1 Knoblauchzehe
- 3 EL Weinessig
- 3 EL Wasser
- 6 EL Zucker

1 Chili und Paprika waschen, Stiele entfernen und das Fruchtfleisch grob schneiden.

2 Knoblauch schälen und grob schneiden, anschließend mit Chili, Paprika, Wasser und Weinessig in ein Gefäß geben und pürieren.

3 Die Soße in einen Topf geben, aufkochen und unter gelegentlichem Rühren 30 Minuten köcheln lassen.

Smart

Tipp

> Die süß-saure Chilisoße gibt Frühlingsrollen, Gebratenem und Gegrilltem erst den richtigen Pfiff.

Spezial

Die Schlank-
macher

Chili, Paprika und ihre Verwandten haben nicht nur viele Vitamine und andere wertvolle Inhaltsstoffe sondern sind auch noch kalorienarm. Den scharfen Schoten wird sogar eine stoffwechselanregende Wirkung nachgesagt.

Chili und Paprika sind wahre Schlankmacher, kalorienarm und gleichzeitig nährstoff- und ballaststoffreich. Sie füllen den Magen, aber belasten kaum die Kalorienbilanz. Bedarfsgerechte Ernährung mit viel Chili und Paprika zusammen mit regelmäßiger Bewegung lässt die Pfunde purzeln.

Schlanke Tipps

Paprika hilft, Kalorien zu sparen, beispielsweise wenn man Paprikamark statt Butter als Brotaufstrich verwendet.
Scharfe Chilis regen laut einiger Untersuchungen den Stoffwechsel und damit den Grundumsatz an. Außerdem haben Chilis eine entspannende Wirkung: Dieses Empfinden gleicht dem Verzehr von Süßigkeiten, nur ohne den Dickmachereffekt.
Wer seine Speisen mit Chili pikant würzt, der braucht weniger Fett als Geschmacksträger. Chili hilft also dabei, fettarm und trotzdem schmackhaft zu kochen.

1 Rezept für einen Paprika-Powerdrink: Fruchtfleisch von drei Tomaten und einer roten Paprika pürieren, Brei durch ein Sieb geben und den Saft mit ein paar Tropfen Limonensaft, ½ Teelöffel Olivenöl und eventuell etwas Zucker oder Honig und Salz abschmecken. Wer es ein bisschen scharf liebt, püriert ein Stück Chilischote mit oder würzt mit ein paar Spritzern Tabasco. Wer den Powerdrink aber eher als Durstlöscher trinken möchte, verdünnt ihn mit stillem Mineralwasser.

Fünf am Tag

Am leichtesten fällt Schlank-
werden, wenn Dickmacher
durch gesündere Genüsse
ersetzt werden. Wer täglich
mindestens fünf Portionen
Obst und Gemüse als Be-
standteil der Mahlzeiten und
Zwischenmahlzeiten ver-
zehrt, dem fällt es viel leichter auf die Dickmacher zu
verzichten, denn sein Magen
ist bereits mit Gesundem
gefüllt.

So können Sie Chili, Paprika
& Co. in Ihre Ernährung ein-
bauen:

▶ Gemüsepaprika in Salaten,
als Gemüseschnitze, zum
Dippen oder als gekochtes
Gemüse.

▶ Gemüsepaprika in selbst
püriertem Gemüsemischsaft
oder Gemüsesuppen.

▶ Milde Schoten verarbeitet
zu Paprikamark, das man
beispielsweise als Brotaufstrich oder als Suppen- und
Soßenbasis verwenden
kann.

▶ Scharfe Schoten zum Wür-
zen und zum Herstellen pi-
kanter Dips.

▶ Milde und pikante Schoten
als kalorienarmes Fernseh-
futter oder Knabberei beim
Spieleabend.

2 Wegen ihrer wertvollen Inhaltsstoffe und der vielen
positiven Auswirkungen auf die Gesundheit, sollten Chili,
Paprika & Co. in keiner Ernährung fehlen, und zwar sowohl roh als
auch gekocht. Sehr empfehlenswert ist das Ernährungskonzept
„Fünf am Tag": Sie verzehren täglich mindestens fünf Portionen
Obst und Gemüse als Bestandteil der Mahlzeiten und Zwischenmahlzeiten. So essen Sie gesund und werden satt, denn Gemüse
und Obst füllen den Magen und haben meist wenige Kalorien pro
Mengeneinheit – da bleibt weniger Platz für die Dickmacher. Teure
Nahrungsergänzungsmittel können nicht ersetzen was natürliche,
frische Lebensmittel mit ihren Vitaminen und wertvollen Inhalts-
stoffen und vor allem deren komplexem Zusammenspiel bieten.

Infoecke

Bezugsquellen

Bingenheimer Saatgut AG
www.bingenheimersaat-
gut.de

Bio-Saatgut
www.bio-saatgut.de

BOTANIK Pflanzen
www.saemereien.ch

Bruno Nebelung GmbH
& Co. KG
www.kiepenkerl.com

Gärtner Pötschke GmbH
www.poetschke.de

Horizon Herbs, LLC
PO Box 69
Williams, OR 97544 USA
www.horizonherbs.com

Magic Garden Seeds
www.magicgardenseeds.de

Pepperworld Hot Shop
www.pepperworldhotshop.
de

Samenzwerg Online-Shop
www.samenzwerg.de

Seed Savers Exchange
3094 North Winn Rd
Decorah, Iowa 52101
www.seedsavers.org

Sperli Saatgut
Carl Sperling & Co. GmbH
www.sperli-samen.de

Thompson & Morgan
www.thompson-morgan.de

Zur Autorin

▶ **Eva Schumann** ist Dipl.-
Ing. (FH) für Gartenbau
mit langjähriger Erfahrung
im biologischen Pflanzen-
schutz und in der Beratung
von Hobbygärtnern in Wei-
henstephan. Sie ist Autorin
zahlreicher Gartenratgeber.
Unter www.gartensaison.de
veröffentlicht sie Garten-
tipps im Internet.

Weitere Adressen

▶ Treml-Raritätengärtnerei
Eckerstrasse 32
93471 Arnbruck
www.pflanzen-treml.de
(Pflanzen)

▶ Exotischer Garten
Mühlendamm 1
27239 Heiligenloh
www.exotischer-garten.de
(Samen und Pflanzen)

Informationen im Internet

Forschungsanstalt für Gartenbau Weihenstephan
▶ www.hswt.de/fgw/
Bayerische Gartenakademie
▶ www.lwg.bayern.de/gartenakademie/
Pepperworld (Informationen, Shop, Reisen)
▶ www.pepperworld.com
Chili-Balkon (Informationen, Pflanzenbörse)
▶ www.chili-balkon.de
Gernot Katzers Gewürzseiten (Informationen, Etymologie)
▶ www.uni-graz.at/~katzer/germ/Caps_fru.html
Indianer Nord-, Mittel-, Südamerikas
▶ www.indianer-welt.de
Nützlinge: ▶ www.neudorff.de ▶ www.nuetzlinge.de

Bildquellen

Beermann, Andreas: S. 2, 13; Bildagentur Waldhäusl/IB/Creative Studio Heinemann: S. 1, 2, 44; Bingenheimer Saatgut AG: S. 3 o.l., 23 ganz u.; Biohelp: S. 36; Buchter-Weisbrodt, Helga: S. 9, 18; Fotolia/Gerisch: S. 25 2.v.o.; Fotolia/Mühlmann, Andrea: S. 3 o.r., 8; Fotolia/Nito: S. 12, 24 ganz o.; Gärtner Poetschke: S. 22 2.v.u., 22 ganz u.; Himmelhuber, Peter: S. 37; Horizon Herbs: S. 2 u.l., 25 ganz o.; Ing. G. Beckmann KG: S. 31; iStockphoto/ConstanceMcGuire: S. 6; iStockphoto/Dewitt: S. 29; iStockphoto/Dianie: S. 35, 63 r.;

iStockphoto/Tashka: S. 15; iStockphoto/tbradford: S. 21; iStockphoto/TerryJ: S. 20; iStockphoto/Twing: S. 43; iStockphoto/xxmmxx: S. 30; iStockphoto/Zofka: S. 61, 63 l.; Nebelung, Bruno: S. 23 ganz o., 23 2.v.o.; Panthermedia/Thomas B.: S. 1 l., 16, 62 l.; Photolibrary/Steve Lee: S. 57; Reinhard, Hans: S. 22 2.v.o., 23 2.v.u., 39, 42, 60, 64; Seed Savers: S. 24 ganz u., 62 r.; Seed Savers Exchange: S. 24 2.v.u.; Stockfood/Gabula Art-Foto: S. 53; Stockfood/Newedel, Karl: S. 52; Stockfood/Schmalhorst, Hendrik: Titelbild; Strauß, Friedrich: S. 33, 38;

Impressum

Bibliografische Information der Deutschen Nationalbibliothek
Die Deutsche Nationalbibliothek verzeichnet diese Publikation in der Deutschen Nationalbibliografie; detaillierte bibliografische Daten sind im Internet über http://dnb.d-nb.de abrufbar.

© 2011 Eugen Ulmer KG
Wollgrasweg 41, 70599 Stuttgart (Hohenheim)
E-Mail: info@ulmer.de
Internet: www.ulmer.de
Lektorat: Doris Kowalzik, Kristina Maier
Umschlag- und Innengestaltung: X-Design, München
DTP: juhu media, Susanne Dölz, Bad Vilbel
Druck und Bindung: Litotipografia Alcione, Lavis
Printed in Italy

ISBN 978-3-8001-6715-9

iStockphoto/flashgun: S. 34; iStockphoto/grafxcom: S. 41; iStockphoto/hatman12: S. 46; iStockphoto/jam4travel: S. 24 2.v.o.; iStockphoto/Karimala: S. U2 l., 3 u.; iStockphoto/Lawrenth, Gareth: S. 19; iStockphoto/Massman: S. 7; iStockphoto/Norme: S. U2 r., 4; iStockphoto/p-squared: S. 25; iStockphoto/Sondela: S. 14;

Teubner-Foodfoto: S. U3; Thompson & Morgan: S. 22 ganz o., 25 2.v.u.; Volk, Fridhelm: S. 49, 51, 55, 59

Die Zeichnungen der Seiten 27, 28 und 40 fertigte Helmut Flubacher, Waiblingen, an.

Haftung

Chili und Paprika
auf Vorrat

Frische feurige Schoten sind nur beschränkt haltbar, aber durch einfache Methoden der Haltbarmachung wie Trocknen, Einfrieren oder Einlegen/Einwecken können Sie sie auch außerhalb der Erntesaison genießen.

Selbst gemachte Ketten aus getrockneten Chili-Früchten oder in Gläsern eingelegte Früchte sind nicht nur praktische Möglichkeiten zur Haltbarmachung und Aufbewahrung, sondern auch ansprechende Mitbringsel zur Gartenparty, zur Geburtstagsfeier oder zu jedem anderen Anlass.

Trocknen

Hartschalige und großfrüchtige Sorten werden vor dem Trocknen gehäutet, aufgeschnitten und die Samen und Scheidewände werden entfernt. Dünnschalige, kleine Früchte werden nur gesäubert. Die älteste Methode ist das Sonnen- oder Lufttrocknen. Das Trocknungsgut wird auf einem Tablett oder Rost ausgebreitet und in die Sonne oder an einen warmen, luftigen und halbschattigen Platz gestellt.

Kleine Früchte kann man auch auf eine reißfeste Schnur fädeln und zum Trocknen an einen luftigen,

1 Für das Trocknen eignen sich dünnfleischige Sorten wie 'Cayenne'. Getrocknete Schoten sollten Sie in Gläser oder verschließbare Plastikbehälter füllen. Sie werden trocken, dunkel und kühl aufbewahrt. Getrocknete Chilis und Paprikas können zu Gewürzpulver zermahlen oder rehydriert (aufgequollen) werden. Dazu werden die Stiele entfernt und die Schoten etwa eine halbe Stunde in warmes Wasser oder Brühe gelegt. Anschließend können sie wie frische Früchte verwendet werden.